前沿科学

在身边

如何发现外星"信号"

小多（北京）文化传媒有限公司 / 编著

天 地 出 版 社 | TIANDI PRESS

图书在版编目（CIP）数据

如何发现外星"信号" / 小多（北京）文化传媒有限
公司编著. — 成都：天地出版社，2024.3
（前沿科学在身边）
ISBN 978-7-5455-7982-6

Ⅰ．①如⋯ Ⅱ．①小⋯ Ⅲ．①地外生命—儿童读物
Ⅳ．①Q693-49

中国国家版本馆CIP数据核字(2023)第197456号

RUHE FAXIAN WAIXING "XINHAO"

如何发现外星"信号"

出 品 人	杨　政		责任校对	张月静
总 策 划	陈　德		装帧设计	霍笛文
作　　者	小多（北京）文化传媒有限公司		排版制作	北京唯佳创业文化发展有限公司
策划编辑	王　倩		营销编辑	魏　武
责任编辑	王　倩　刘桐卓		责任印制	刘　元　葛红梅
特约编辑	韦　恩　阮　健　吕亚洲　刘　路			

出版发行	天地出版社			
	（成都市锦江区三色路238号　邮政编码：610023）			
	（北京市方庄芳群园3区3号　邮政编码：100078）			
网　　址	http://www.tiandiph.com			
电子邮箱	tianditg@163.com			
经　　销	新华文轩出版传媒股份有限公司			

印　　刷	北京博海升彩色印刷有限公司		印　张	7
版　　次	2024年3月第1版		字　数	100千
印　　次	2024年3月第1次印刷		定　价	30.00元
开　　本	889mm×1194mm　1/16		书　号	ISBN 978-7-5455-7982-6

James Watson

Maurice Wilkins

Rosalind Franklin

FRANCIS CRICK

《前沿科学在身边》

生逢其时

科学史理论家、清华大学教授　刘兵

面对当下社会上对面向青少年的科普需求的迅速增大，《前沿科学在身边》这套书的出版可谓生逢其时。

随着新科技成为全社会关注的热点，也相应地呈现出了前沿科普类的各种图书的出版热潮。在各类科普图书百花齐放，但又质量良莠不齐的情况下，高水平的科普图书品种依然有限。而在留给读者的选择空间不断增大的情况下，也同时加大了读者选择的困难。

正是在这样的背景下，我愿意向青少年读者推荐这套《前沿科学在身边》丛书。简要地讲，我觉得这套图书有如下一些优点：它非常有策划性，在选择的话题和讲述的内容的结构上也非常合理；也涉及科学的发展热点，又不忽视与人们的日常生活密切相关的内容；既介绍最新的科学前沿探索，也不忽视基础性的科学知识；既带有明显的人文关怀来讲历史，也以通俗易懂且有趣的语言介绍各主题背后科学道理；既有以故事的方式的生动讲述，又配有大量精美且具有视觉冲击力的相关图片；既有对科学发展给人类社会生活带来的巨大改变的渴望，又有对科学技术进步带来的问题的回顾与反思。

在前面所说的这些表面上似乎有矛盾，但实际上又彼此相通的对立方面的列举，恰恰成为这套图书有别于其他一些较普通的科普图书的突出亮点。另外，从作者队伍来看，丛书有一大批国内外在青少年科学普及和文化教育普及领域的专业工作者。以往，人们过于强调科普著作应由科学大家来撰写，但这也是有利有弊：一是科学大家毕竟人数不多，能将精力分于科普创作者就更少了；二是面向青少年的科普作品本来就应要更多地顾及当代青少年本身心理、审美趣味和阅读习惯。因而，理想的面向青少年的科普作品应是在科学和与科学相关的其他多学科研究的基础上，由专业科普作家进行的二次创作。可以说，这套书也正是以这样的方式编写出来的。

随着人们对科普的认识的不断深化，科普的目标、手段和方法也在不断地变化——与基础教育的有机结合，以及在此基础上的合理拓展，更是越来越被重视。在这套图书中各本图书虽然主题不同，但在结合不同主题的讲述中，在必要的基础知识之外，也潜在地体现出对于读者的科学素养提升的关注，体现出对于超出单一具体学科知识的跨学科理解。书中包括了许多可以让读者自己动手实践的内容，这也是此套图书的优点和特点。

其实，虽然科普理念很重要，但讲再多的科普理念，如果不能将它们化为真正让特定读者喜闻乐见的具体作品，理论就也只是理想而已。不过，我相信这套图书会对于青少年具有相当的吸引力，让他们可以"寓乐于教"地阅读。

是否真的如此？还是先读起来，通过阅读去检验、去体会吧。

目录

解读宇宙生命

寻找孕育生命的家园

怎样和外星人建立联系

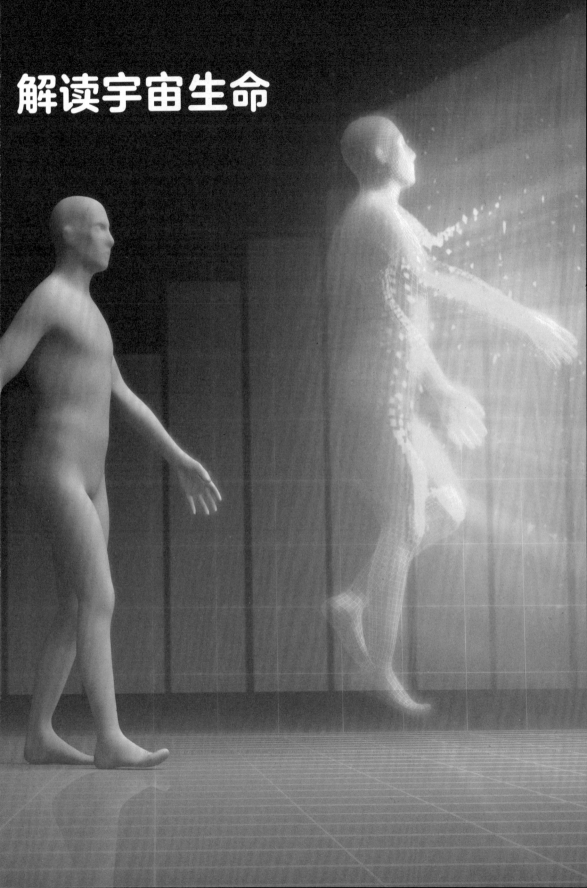

解读宇宙生命

生命是什么

Q1 生命起源以前的地球什么样？

Q2 生命是如何进化的？

Q3 生命进化的时间轴是怎样的？

Q4 地球生命的共通点是什么？

Q5 生命进化经历了哪些阶段？

为了在宇宙中寻找和识别生命，我们先必须弄清楚生命是什么，以及生命赖以生存的基础环境。在地球上，生命已经存在了几十亿年，进化出数不清的有机物的生命形态。别的星球上的生命也许和地球生命类似，也许会截然不同。但是无论如何，在我们探索地外生命领域之前，我们要先给自己星球上的生命形式下一个定义。

生命起源以前的地球

最初，地球上只有气体、岩石和岩浆存在。其中，二氧化碳是最常见的气体，还有氨气和甲烷。岩石经常熔化，再重新形成。水逐渐从地壳中释放出来，缓慢地形成各种各样的水体。

那时，地球上根本没有任何生命。

地球在缓慢地进化着，开始逐渐变得适宜生命生存：水中开始有了来自大气气体的营养物质，包括碳、氢、氧、氮和磷等元素。其中磷元素是形成 DNA 的主要物质，而 DNA 是生命的基本组成成分。

最初的生命 ☒

大约 40 亿年前，最初的生命开始形成——它是一种单细胞生物，很像现在我们知道的细菌，特别小，细胞壁包裹的细胞内有一个环状的 DNA。所有的生命，无论是植物、动物，还是细菌，都是从这个生物体进化而来的。可以说，今天我们看到的所有生命都有共同的起源。

生命是如何进化的？

Q2

生命形式的进化

单细胞生物改变了它周围的环境。单细胞生物开始扩散到所有能到达的环境中，地球开始慢慢改变。最后，细胞壁的出现意味着有机体受到了保护，而且更能够适应环境的变化，包括那些生物体自身带来的变化。这些生物使得大气中的氧气变得越来越多，让它越来越像我们现在的大气——这促进了靠氧气呼吸的生命形式的进化。地球上的环境和生命在相互适应着。随着生物体逐渐进化，DNA 一代代地遗传下来，并不断发生突变，时间久了，生物体也发生了变化。

生命在进化

多细胞生物

大约 15 亿年前，第一个多细胞生物出现了。

今天存在的所有生物都有着相同的祖先，它是一种生活在水里的小虫。然而，这只是多细胞生物的开始。

从这种小虫的出现开始，生命继续进化着，并开始变得越来越复杂。就如同一个孩子和他的父母是不一样的，差异在每一代都会出现。这样的结果就是，物种一直在进化，生命越来越多样，不同的物种也越来越多。

最初，生命只存在于水里，而且这种情况持续了很长时间。

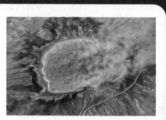

被古细菌染了色的温泉

DNA 的变化

在生命进化的这段漫长时间里，生物的 DNA 发生了很大的变化，而且变得越来越复杂。DNA 的变化是推动生物多样性的主要因素，也为智能生命的出现做好了准备。我们人类已经进化出了一个体积大、结构复杂的脑，这无疑提高了人的心智水平。

陆生动物

　　渐渐地，动物开始长出坚硬的身体部位，包括外壳和骨骼结构，植物也变得更加复杂。4亿年前，植物第一次出现在陆地上。差不多在同一时期，第一种陆生动物——千足虫也出现了。多骨鱼类在海里出现，其中一种有腭的鱼被认为是今天所有陆生脊椎动物的祖先。

三叶虫化石

爬行动物

　　随着"登陆"的一步步进行，水面之上的事物也在发生着变化。陆地上开始长满树木，早期的两栖动物在水陆之间往返。后来，第一种爬行动物出现了。爬行动物继续进化，直到出现了第一只恐龙。随后，恐龙又进化出了鸟和蜥蜴。哺乳动物在这个时期已经很常见了，但是它们的体积很小，也不是陆地的主宰者。

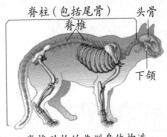
脊柱（包括尾骨）　头骨
脊椎
下颌
脊椎动物的典型身体构造

物种多样化

　　气候变得暖和起来，海平面上升，海里的生命继续繁衍着。在陆地上，哺乳动物、鸟类和开花植物变得越来越多样。花朵的出现带来了一些传粉动物，比如蝴蝶，花朵和传粉动物相互适应。后来地球突然变得炎热起来，我们现在能见到的植物和动物开始出现。第一种猿也出现了，现代地球开始形成。

人类祖先

　　然而，随后地球陷入了寒冷的冰期。在这段漫长的岁月里，第一批人类祖先出现了。在冰期结束的时候，现代人类文明已经发展起来了。人类出现在地球生命进化过程最后的短短的时刻，虽然说是短，但也有200多万年的时间。

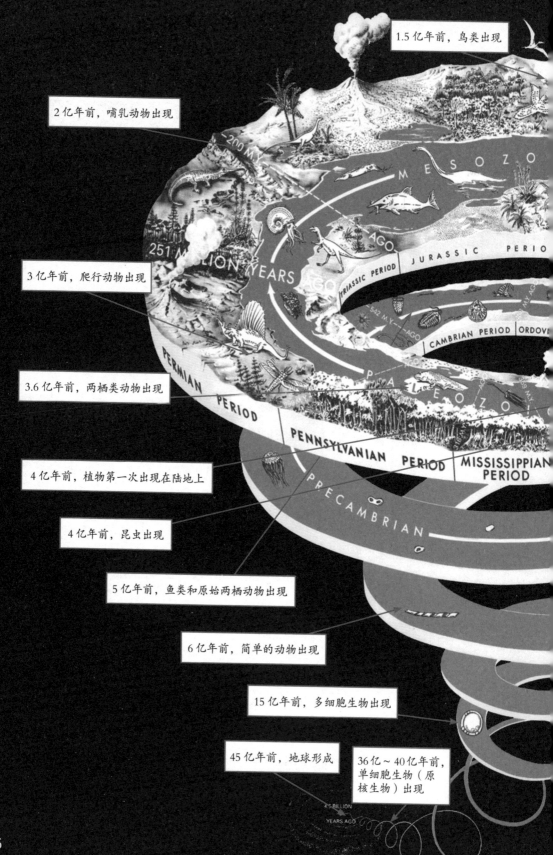

1.5 亿年前，鸟类出现

2 亿年前，哺乳动物出现

3 亿年前，爬行动物出现

3.6 亿年前，两栖类动物出现

4 亿年前，植物第一次出现在陆地上

4 亿年前，昆虫出现

5 亿年前，鱼类和原始两栖动物出现

6 亿年前，简单的动物出现

15 亿年前，多细胞生物出现

45 亿年前，地球形成

36 亿～40 亿年前，单细胞生物（原核生物）出现

生命进化的时间轴是怎样的？

Q3

6000 万年前，灵长类动物出现

65 MILLION YEARS AGO

Paleocene Epoch

CRETACEOUS PERIOD

TERTIARY PERIOD

SILURIAN PERIOD

ERA

56 M.Y.

34 M.Y.

23 M.Y.

DEVONIAN PERIOD

416 M.Y.

2 M.Y.

CENOZOIC ERA

Oligocene Epoch

Miocene Epoch

PERIOD

TERTIARY

Pliocene Epoch

Pleistocene Epoch

Holocene Epoch

QUATERNARY PERIOD

250 万年前，人类出现

7

地球生命的共通点是什么？

Q4

地球生命的特征

生命形式多样

我们可以看到，地球生命的形式多种多样。有单细胞细菌，它们和很久以前最早出现的生命很像；有花朵和树木，它们能带来氧气；有昆虫，它们的身体既简单又复杂，还有坚硬的外骨骼；有遨游在海里的鱼类，它们的祖先没有成功登上陆地；还有和人类很像的哺乳动物，种类多得惊人。

共同特征

尽管地球上的生命非常不同，但是每一种生命都有很多共通的地方。比如，所有的生命都是由细胞构成的；它们都以某种方式摄取并消化食物，以此产生能量；它们沿着 DNA 指定的特征代代繁衍着；所有的生命体内都含有水和 DNA（由碳、氢、氧、氮和磷等元素构成）。碳元素是地球上最丰富、最重要的一种元素，它是构成生命的基石，每一种生命都是由含有碳元素的分子构成的。没有碳，就没有地球上的生命。

给宇宙中的生命画像

为了描述宇宙中的生命，我们可以借助对地球生命的理解。在地球上，如果有细胞，而且细胞在不断生长，为了生存，它们还能通过某种方式消化食物和繁殖，这样的物质就可以被看作是生命。

基于这些认识，我们来看看其他星球上存在生命的可能。在地球之外的星球上存在生命，并非是不可能的事。据说，火星上曾经存在过生命，而且有人建议，把地球上的细菌引入火星，就可以像数十亿年前地球生命改造我们的地球那样，改造火星的大气，从而让火星上出现更多的生命形式。

然而这种方法不一定可行。其他星球上的生命可能不同于地球上的生命。

所以，我们有必要根据星球本身的状况，调整对其他星球上生命的认识。相对来说，描述地球上的生命要容易一些，因为我们可以看到身边的生物体。而给宇宙中的生命画像就比较困难，如果我们把地球生命的标准应用到其他星球上，可能存在天然的缺陷。因为其他星球可能存在生命，而且可能和地球生命的形式完全不同。

水之于地球

对于地球生命来说，水是非常重要的组成部分，这可能源于在地球生命进化的过程中，水是一直存在的，从而成为生命所必需。

柏林自然博物馆的恐龙化石厅。恐龙是陆栖脊椎动物，最早出现在 2.3 亿年前的三叠纪，曾支配全球陆地生态系统超过 1.6 亿年之久

生命进化经历了哪些阶段？

Q5

24 小时：生命的跨度

"生命像不断被死神的镰刀肆意修剪的灌木丛"是古生物学家斯蒂芬·古尔德曾经说过的一句话。

试想一下，在45亿年前地球出现的时候，有一群外星人来到地球，审视着地球，说："这个地方很适合生命存在啊，未来会出现生命吗？"他们那时也许没有得出结论，他们也许还在思考：生命的出现是必然的呢，还是偶然的？这也是地球的科学界和哲学界一直争论的问题。

有人形象地把生命进化历程比作一天24小时，从地球开始形成到现在，经约46亿年，如果把午夜0时作为地球的诞生，那么生命的24小时就如右页图所示。

从图上我们看到：40亿年前，相当于一天中的3:00，出现类似于细菌的原核生物；到了18:00左右，出现多细胞生物；到23:00，恐龙出现了；一直到了接近午夜的最后一分钟23:59，人类终于诞生了。人类存在的时间实在很短，不过，我们现在站在食物链顶端，成为这一次演化过程中自然选择的赢家。

生命的进化 ✕

在这个星球上，从无机小分子形成有机小分子，然后形成有机大分子，有机大分子又通过聚合，形成有机高分子，最后形成可繁殖的原始生命。随后，某一生物的基因变异，而这变异出的物种又比原有的物种更适应环境，一直到今天，科学家推测地球上物种总数为1000万种。

进化需要时间，地球生命的进化用了 40 多亿年。试想宇宙天体的历史，已经有 100 多亿年，科学家认为，宇宙早期历史中潜藏着可以孕育生命形式的行星，那么是不是存在着已经进化了 100 多亿年的生命呢？

从生命体的进化到人类的进化，除了身体层面以及生物的神经系统在进化，智慧意识层面、知识和群体智能也在进化。从人类可以想象到的未来的有机生命体和电脑对接融合，一直到生命体对恒星能量的利用和控制，物质、能量、意识的复合统一，这就是宇宙生命源流的整体跨度吗？

所以人类在地球之外寻找生命，是包括了从类似古细菌的原核生物，一直到智慧高度进化生物之间的一切生命体。不过，从我们已知的科学家现在正在做的事情来看，他们重点在寻找生命历史跨度两端的生物：原核生物和外星人。

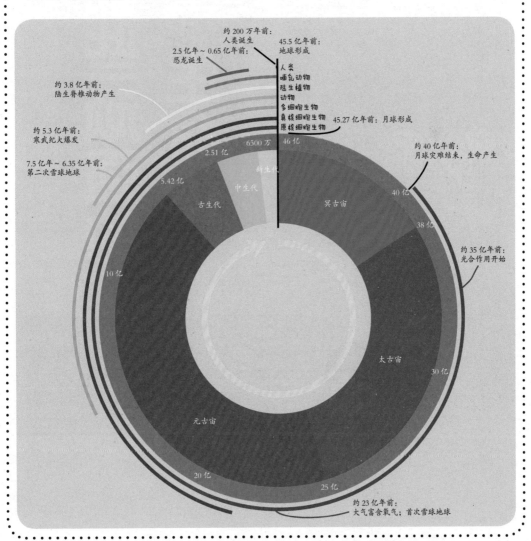

那些顽强的生命体

什么是嗜极生物？

Q2 嗜极生物拥有哪些特质？

Q3 如何研究火星是否存在生命？

Q4 如何通过实验认识酵母菌？

Q5 通过实验你发现了什么？

OH!

OH!

OH!

OH!

H!

如果没有专门的设备，人在外星球一刻也不能生存。那么，其他生命体能够生存吗？那里没有氧气，没有水，却有超高温、超低温、超常气压、高辐射，我们所能见到的有机生命体能够受得了那样的极端恶劣环境吗？

从一坛泡菜说起

四川人厨房的秘密是一只泡菜坛。泡菜的美味来自乳酸菌的发酵生成的大量乳酸，从而制成一种带酸味的腌制品。泡菜的制作需要乳酸含量达到一定的浓度，并隔绝空气。泡菜的 pH 值在 3.2 ~ 3.6，是酸性的。相比较而言，人体组织的正常 pH 值是在 7 ~ 7.4，属于弱碱性。泡菜确实是好吃，不过如果让你在泡菜坛里泡上半天，你能受得了吗？而这样的酸性缺氧的环境，恰恰是乳酸菌最喜欢的。在喜欢酸性环境的生物中，乳酸菌不是最厉害的。科学家在火山附近发现的细菌，可以生活在 pH 值不到 1 的酸性热水中，甚至还有能释放出硫酸的细菌。

嗜极生物

在雪原、沸泉、盐湖、活火山的火山口……有那么一些独特的生命，它们生活在大多数生物望而却步的极端环境中，战胜了冷、热、酸、碱，绽放出灿烂缤纷的色彩。在自然界中，除了有耐强酸的生物，还有耐高温的生物、耐低温的生物、耐高碱的生物、耐高盐的生物、耐高压的生物、耐高辐射的生物，等等，我们将这些可以（或者需要）在极端环境中生长繁殖的生物叫作嗜极生物。

你知道嗜极生物被称为"嗜极"的原因

我们称它们为"嗜极"，是从我们人类"嗜温好氧"的判断标准来进行的，其实对于人类所谓的"极端"环境，对嗜极生物而言都是寻常之地。

嗜极生物拥有哪些特质?

Q2

嗜极生物的本领

1. 不怕高温

中温菌

嗜热菌　90℃

对于自然界的大多数生物来说,高温会使细胞内的蛋白质变性、分解,令细胞死亡。那么,嗜热菌为什么在高温下仍然能够不失活性并进行正常生长呢?科学家已从嗜热菌中分离出多种蛋白质,这些细胞蛋白的结构有别于其他生物,热稳定性高,可以在高温下稳定运转——原来是不怕热的蛋白质在起作用。

2. "炼金术士"

图中充满艺术美感的黄金颗粒,也是嗜极生物的作品。科学家把一种生长在重金属环境中的细菌和高浓度的有毒氯化亚金一起放在特制的反应炉内,发现氯化亚金会先与环境中的物质产生硫化金,而细菌为了捍卫自身的生存,会将环境中有毒的硫化金分解掉,从而产生黄金。这类嗜极菌,简直就是高明的"炼金术士"。

生活在有毒的氯化亚金中的细菌
(图片来源:Adam Brown)

3. 嗜辐射生物最坚强

科学家发现了一种新的细菌。这种被称为"耐辐射球菌"的微生物,可以承受比人类细胞致命剂量还要高出数千倍的辐射,是地球上最"坚强"的生物之一。科学家通过研究发现,这种细菌有着高效而准确的 DNA 修复系统。

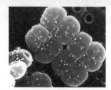

耐辐射球菌

4. 在浓碱水中游走

被马克·吐温称为"毫无生机"的莫诺湖是一个碱性湖，平均 pH 值为 9.8，湖边奇形怪状的岩石就是强碱生成的。科学家在湖水中发现了大量的嗜碱微生物，其中的盐水虾竟可以在这么浓的碱水里畅游。

碱性的莫诺湖里的浮游生物

5. 南极的冷只是小菜一碟

科学界一度认为南极冰盖数千米下方暗无天日，不适于生命存活，然而这里对嗜极生物来说依旧是小菜一碟。著名的东方湖底样本中就含有数千种生物体的 DNA。最新的研究更令人吃惊：科学家凿开了冰盖，从位于 93 米深的霍奇逊湖的湖底挖掘到了一些干净的沉积物样本，检测发现有微生物 DNA 反应，主要是放线菌和变形菌，但只有大约 77% 的 DNA 序列能够与人类已知的物种相匹配。这些距今 10 万年的生命，以前所未见的形式，潜伏在南极湖面之中。

南极冰层湖底采集到的微生物

嗜冷菌

产甲烷菌

产甲烷菌是一种古细菌，不需要有机营养或光合作用，以氢和二氧化碳作为能量和碳的来源，通过新陈代谢排出甲烷。作为厌氧细菌，产甲烷菌也不需要氧气。在地球上，产甲烷菌常见于沼泽、湿地以及食草家畜的内脏中。

如何研究火星是否存在生命?

Q3

前面讲述的嗜极生物,是在地球上发现的在极端环境中生存的生物。如果我们把眼光投向遥远的星球和环境极端恶劣的太空,地球上的这些嗜极生物能不能在那里生存呢?例如,火星上的气压极低,相当于地球上空 35 千米处的大气压。35 千米是什么概念呢?是珠穆朗玛峰高度的 4 倍。要知道,征服珠穆朗玛峰也只是少数人才能做到的事。

在火星上,和低气压一样具有挑战性的是高辐射。由于没有大气层的保护,火星上的宇宙辐射极强,这样的辐射对生物细胞的破坏是毁灭性的。

模拟火星环境

为了研究有没有地球生物可以在火星环境下生存,科学家在实验室模拟火星的环境:紫外线辐射,红外线辐射,火星土质,低气压,大气成分,温度范围 - 50 ～ 23℃。然后把在极端地球环境中收集到的菌类生物,扔进实验舱。经过一个多月的实验,

火星环境模拟舱(图片来源:DLR/ German Aerospace Center)

发现蓝细菌和极地苔藓可以在这样的环境里存活,而且生活得很滋润。

生命存在的可能

有科学家在实验中模拟火星寒暑交替的自然环境,发现两种产甲烷菌能在这种环境中幸存下来。

所以,即使是在火星这样缺氧、高辐射、高温、极冷的极端环境中,生命仍有可能生存。这也说明了,在火星乃至在太阳系各个行星的卫星上寻找生命是很有前景的事情。也许未来的某一天,我们可以在那里发现一个巨大的生命群体呢!

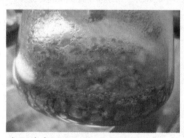

蓝细菌在模拟的火星环境下生长

酵母菌

　　酵母菌是少数能在缺氧环境里生存较长时间的一种微生物。人类认识和利用酵母菌的历史悠久，酿酒、发面就是利用酵母菌最好的例子。

如何通过实验认识酵母菌？

Q4

"喂养" 酵母菌

本实验的主要目的是认识酵母菌，了解酵母菌在不同条件下的繁殖速度。

目标：了解生命在不同环境和养分下的繁殖速度。

实验器材

★ 显微镜，载玻片，盖玻片

★ 2 个三角烧瓶（或玻璃杯），各贴上标签 1、2

★ 蔗糖

★ 鲜酵母（可以在购物网站上买到）

★ 温度计

★ 冰

★ 2 个大碗

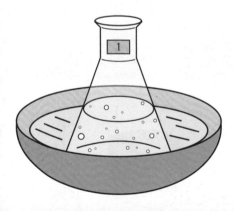

通过实验你发现了什么？

Q5

1 号实验

在盛有 100 毫升水的 1 号三角烧瓶里加 5 克蔗糖，煮沸。等溶液冷却到 30℃，加一小块鲜酵母，用玻璃棒搅拌均匀，再用棉絮塞紧瓶口。

将 2 号三角烧瓶盛 100 毫升水，煮沸。等水冷却到 30℃，加一小块鲜酵母，用玻璃棒搅拌均匀，再用棉絮塞紧瓶口。

把两个瓶各放在盛有 25 ~ 30℃水的大碗里。

放置数小时后进行观察，可见到 1 号三角烧瓶溶液里有气泡产生，并散发出酒味。这是因为酵母菌正在把糖分解成乙醇和二氧化碳。观察 2 号烧瓶和 1 号烧瓶的区别。

分析和讨论

酵母菌是少数能在缺氧环境里生存较长时间的一种微生物，在一般情况下进行有氧呼吸。如果环境中有丰富的糖类且温度合适，它能够"吃"糖发酵，并进行缺氧呼吸，放出二氧化碳。

2 号实验

在盛有 100 毫升水的 1 号、2 号三角烧瓶里各加 5 克蔗糖，煮沸。等溶液冷却到 30℃，各加一小块鲜酵母，用玻璃棒搅拌均匀，再用棉絮塞紧瓶口。

把 1 号瓶放在盛有 25 ~ 30℃水的大碗里；把 2 号瓶放在盛有约 0℃水的大碗里。

放置数小时后，观察 1 号、2 号烧瓶溶液里各自的气泡的量。分析环境温度对生命繁殖的影响。

可以重复 2 号实验，将 2 号瓶的大碗的冰水换成 60℃的热水，观察结果。

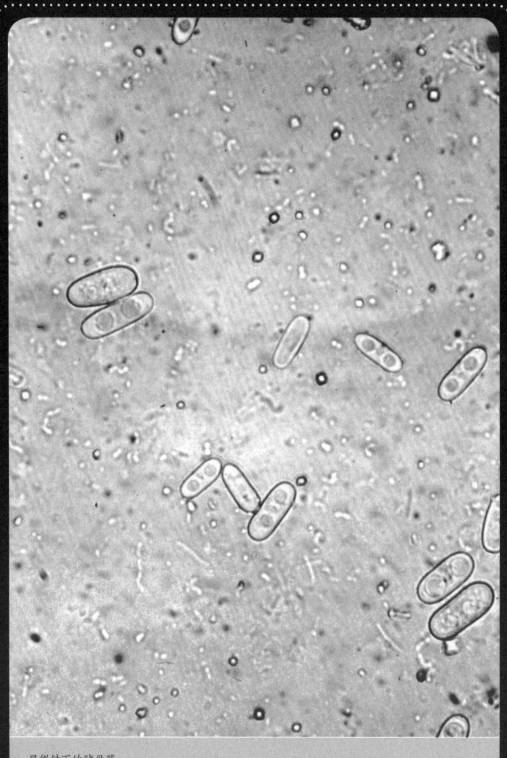

显微镜下的酵母菌

3 号实验

让 1 号烧瓶再放置 2 天，用滴管吸取里面的溶液，滴在载玻片上，摊开，盖上盖玻片（可以避免液体和物镜相接触），在低倍镜下就能清楚地看到溶液中悬浮着无数酵母菌。如果换高倍镜仔细观察一个酵母菌，就可以看到酵母菌是椭圆形的单个细胞，细胞中有许多小颗粒。

进一步的实验

因为酵母菌需要营养，如果在培养液内适当增加氮、磷等元素，效果会更好。比如添加碳酸铵 1 克、磷酸氢钾 0.2 克、磷酸钙 0.02 克、硫酸镁 0.02 克，看看细菌的繁殖速度跟没有添加的有什么区别。

注意安全。请在家长或老师的陪伴下进行实验。实验里的溶液，包括糖水，都不能饮用。请小心轻放玻璃器皿。

星际文明等级

Q1 星际文明分为什么类型？

Q2 还有哪些星际文明类型？

Q3 有可能发现地外生命吗？

22

俄罗斯天体物理学家尼古拉·卡尔达肖夫首先提出，一种文明的技术进步程度取决于其人民使用的能源。例如在地球上，我们从木头、风车、太阳能板、石油、煤炭以及核能中获取能量来发电和制造燃料。

卡尔达肖夫自创了一种分类标准，将外星文明进行分类，以示它们相比地球文明的先进程度。

类型 0：类地文明。这种文明可以使用基本原材料，如煤炭、石油以及木材来获得能源。他们在太空探索方面会使用简单的航天器及推动力。他们很可能没有能力飞往其他星球以利用那里的资源。这是原始的文明阶段，我们地球以及我们如今的技术就处于这一阶段。是的，我们的文明处于 0 级！

类型 1：行星文明。这一文明可能会比地球文明先进一点。他们能够毫不浪费地利用其行星上的任何资源。地球文明可能需要 100 年或 200 年后才能够达到这样的文明程度。

还有哪些星际文明类型?

类型 2: 恒星文明。这一文明比我们当前的地球文明要先进 2000 年。他们能够利用其恒星系上的所有能量,总量为 10^{26} 瓦(也就是 10 后面加 25 个 0 的数字)左右的电能。如果你还记得《星际迷航》,你就会对类型 2 文明的程度有一个直观的了解。他们可能已经研制出一种翘曲航行飞船,其速度超过光速,从而使他们的飞行难以被发现。

类型 3: 星系文明。这一文明所利用的能量是类型 2 文明的 100 亿倍。他们能利用其星系中的所有能量。他们可以在不同星系中的恒星之间来回穿梭,并且只要他们愿意,他们就可以利用任何恒星上的能量。他们还可以移居到其他星球上,甚至可以改变那个星球的形状。

类型 4: 宇宙文明。处于这一文明中的智慧生命可以在整个宇宙中穿行,实现星系之间的旅行。他们可以利用 10 万亿亿个太阳的能量。他们还可以改变时间和空间,可以从未来回到过去,然后再回来。他们将统治宇宙中的其他物种,并比其他物种活得更长久。

类型 5: 多元宇宙文明。处于这一文明的智慧生命能够轻松地在各种不同物理构成、不同时空和物质组成的不同宇宙间自由穿行。这一文明拥有无穷的能量。他们能够永远活着并且可以变形成任何生物或幽灵。

卡尔达肖夫

1955 年,卡尔达肖夫毕业于莫斯科国立大学。1962 年,他在斯特恩伯格天文研究所获得博士学位。1963 年,他开始研究类星体 CTA - 102,这是搜寻地外文明计划的一部分,那时他突然想到银河文明可能存在于宇宙中,甚至有可能比地球文明早几百万年或几十亿年出现。

卡尔达肖夫

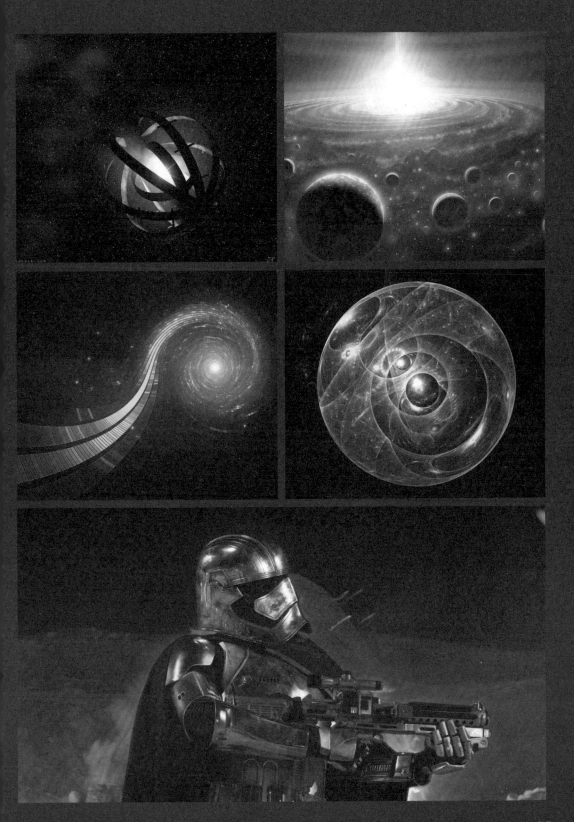

有可能发现地外生命吗？

Q3

发现地外生命的可能性 ✕

你认为《星球大战》和《星际迷航》里的银河帝国真的存在吗？或者说，地外生命存在的概率有多高？几百年来，科学家一直在思考这个问题，而且做了一些理论上的推导。

500多年前的哥白尼这样认为：一般来说，人类并不是宇宙中的特殊存在。后人将哥白尼的这个论述叫作"平庸原理"。

后来，哥白尼的平庸原理被天文学的一系列发现证明：地球不过是在广袤的宇宙中无数星系中的一颗普通行星。

1950年前后，著名物理学家恩里科·费米在一次跟朋友的闲聊时说："那些历史比我们悠久的星球上应该存在智能生物，且已经发明了星际旅行技术，因为他们有时间来开发强大的宇宙飞船。"他接着这样问："生命从形成到征服宇宙只需要数千万年。然而，如果银河系存在大量先进的地外文明，那么为什么连飞船或者探测器之类的证据都看不到？如果生命是普遍存在的话，为什么我们探测不到电磁波信号？"这就是著名的"费米悖论"。

弗兰克·德雷克是著名的天体物理学家、天文学家，也是 SETI 计划（搜寻地外文明计划）的创始人，他是第一个试图估算银河系智能文明存在数量的人。他提出了一个基本的数学公式：

$$N = R^* \times f_p \times n_e \times f_l \times f_i \times f_c \times L$$

N 代表银河系中可能与我们通信的文明数量

R^* 代表银河系形成恒星的平均速度

f_p 代表恒星有行星的可能性

n_e 代表每个恒星系中有类地行星的平均数

f_l 代表实际上能产生生命的行星的可能性

f_i 代表实际上能演化出高智生物的可能性

f_c 代表能发送可读信号的智慧文明的可能性

L 代表智慧文明向太空发送可读信号的持续时间

弗兰克·德雷克知道他的公式只能对外星智慧文明的数量做一个基本估计。弗兰克·德雷克用最基础、最合逻辑的数字计算得到 N=10000，这意味着我们可以探测到大约 10000 个外星智能文明。但是如果代入不同的值，所得 N 就不一样。如果你感兴趣的话，可以查找相关资料，在其中代入你自己认为的数值，看看会得到什么样的结果。

寻找孕育生命的家园

生命宜居带在哪里

我们有地球作为样本，有对太阳系长达整个人类文明的研究，我们曾总结出生命赖以生存的三个条件：水、能量和有机分子（或碳），并以此来判断一个星球是否极有可能存在智能生命。于是，很多研究者都在寻找具备这样条件的一个星球，不仅是寻找地外生命，也在为我们描画出可能的"新家园"的模样。

"金发姑娘问题"

迈克尔·兰皮诺博士在和他的学生谈论"金发姑娘问题"的时候，他可不是在讲什么童话故事。兰皮诺谈论的是在每颗恒星周围像多纳圈一样的"宜居带"（或称 HZs），那是一个不冷也不热、刚好适合生命存在的区域。

在我们的太阳系中，就有这么三个地方：金星、地球和火星。有一天，金发姑娘闯入了。

"金发姑娘原则"

在童话《金发姑娘和三只熊》里，迷了路的金发姑娘走进了熊的房子。她尝了三个碗里的粥，试了三把椅子，又在三张床上躺了躺，最后觉得小碗里的粥最可口，小椅子坐着最舒服，小床上躺着最惬意，因为那是最适合她的，不大不小刚刚好。

不大不小刚刚好的原则，就叫"金发姑娘原则"，就是说凡事都可以找到最适合自己的那个度。

宜居带

宜居带最初是指金星到火星轨道间的区域，这里的行星离太阳的距离比较近，可以获得足够的太阳能来产生生命所需的化学物质，同时又不至于太近，让生命赖以生存的水蒸发掉或有机分子破坏。

太阳为地球带来什么影响？

Q2

当太阳年轻时

故事要从很久很久以前说起，大约40亿年以前，那时太阳系还很年轻，太阳的亮度只有现在的三分之二。要是那时金发姑娘到了金星，将会发现那里很热，但还适合居住。可能太阳系的宜居带会更近一些。而地球则冷得结冰，火星就算了吧！

新形成的行星内部很热。随着时间的推移，岩浆通过火山从星球内部迸发出来，同时带来了大量的温室气体二氧化碳。这让每颗行星（可能不包括火星）变得暖和起来。地球温度变得刚刚好，金星太热，火星还是那个样子——冷得要命。

不过故事没完，太阳也在一天天变老。

当太阳变老时

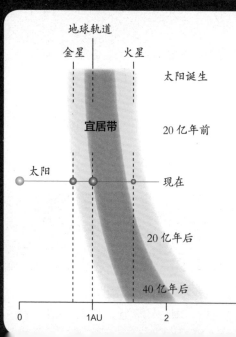

地球轨道
金星　火星
太阳诞生
宜居带
20亿年前
太阳
现在
20亿年后
40亿年后

0　　1AU　　2　　3

即使没有火山爆发，金星、火星和地球这三颗行星的条件也会改变。所有的恒星都在随着年龄增长变得更亮更热，导致宜居带向外移动。当太阳年纪越来越大，它的宜居带向外移动，三个行星也会变热。

年轻的太阳的亮度比现在低30%，当它变老时，宜居带外移，20亿年后，地球的水会蒸发，到那时，我们的后代可能要选择移民或者有什么技术可以阻止这一事件发生（深色带是研究者对宜居带的保守估计，浅色带是乐观估计）

时间刚刚好

　　如果不考虑火山活动的影响，单凭太阳变化所导致的宜居带的移动，地球应该在 20 亿年后解冻。那么，我们所知道的生命的出现可能就会推后 20 亿年。那么，我们就不可能出现在这里！

　　事实上，20 亿年后，太阳会比现在亮 10%，宜居带将最终到达火星。地球的空气将变得和金星一样，又干又热、无法呼吸。火星会舒服一些，而地球已经无法居住。

　　不得不说，现在的我们真是幸运，地球生命出现的时间刚刚好！

金发姑娘的家

　　金发姑娘到底要找什么样的地方安家呢？以下是她给天文学家开出的条件，她的要求可不低。除了温度，她还看中房屋的质量、环境、采光、给排水、清洁和社会治安等，这些条件绝不亚于我们买房的要求。

　　1. 非常重要的一点是要考虑房子的供热系统。这里不能太大，需要考虑紫外线辐射的问题；也不能太小，否则行星需要靠得非常近才能保证足够的温暖，但这样会产生潮汐锁定；必须非常稳定；它必须是单星，或者至少离其他伴星非常远，不然轨道会被干扰。

　　2. 社区有保洁系统。最好在外层轨道上有几个大行星充当垃圾桶，用来清扫闯入星系的彗星和小行星之类的碎片。

　　3. 必须是类地岩质行星，具有足够的重力吸住自己的大气层。

　　4. 行星表面必须和地球差不多。

　　5. 大气层气压和成分必须和地球差不多。

　　6. 地壳活动不能太剧烈。

　　7. 有强力的保护伞。必须有磁场保护。

　　左页图中 AU 代表天文单位（距离），即地球到太阳的平均距离，1AU ≈ 1.5 亿千米，约为光飞行 8 分钟的距离。

怎样解决"金发姑娘"的住房问题？

Q3

找到新的宜居带

或许我们可以研究把地球或金星移得离太阳远些？目前看不太可能。移民火星呢？还在观望。也许我们应该另辟蹊径，这也正是"搜星人"正在做的——找到太阳的同胞和它的宜居带。但是，怎么去找这样的星球呢？

"长期宜居带"的恒星

天文学家在20多年前就确定了他们认为具有"长期宜居带"的恒星。这些恒星不仅有宽阔的宜居带，可能拥有一颗有液态水的行星围着它旋转，而且还能持续足够长的时间来形成生命。

最热的蓝色恒星（称为 A 星）的宜居带最远，但是它只能维持几千到几亿年，然后一个大爆炸就会不见。最冷的橙色 K 矮星和红色 M 矮星发光的时间比太阳还长，它们周围的行星可能靠得很近，足够温暖以维持生命。但是这里还有一个问题，K 星和 M 星周围的一些行星因距离过近，会被锁住，使得它们的一侧永远面对恒星，就像月亮永远面对地球一样，这种现象也被称为潮汐锁定或同步自转。水在夜晚的那一侧可能永远处于冻结状态。

天文学家认为，K 星、G 星、F 星都具有宜居行星的潜力，它们在恒星中所占比例在 1.4% ～ 2.7%。这是 2011 年美国国家航空航天局喷气推进实验室根据开普勒空间望远镜获得的数据提出的数字。这也意味着可能的宜居星球数量众多。（此小节请配合 Q4 阅读）

外星环境地球化

外星环境地球化，简称地球化，是设想中人为改变天体表面环境，使其气候、温度、生态类似地球环境的行星工程。

要解决金发姑娘的住房问题，找到一个既不太热又不太冷的地方，虽然暂时还无法办到，但科学家还在努力，也许她只能先给自己找一个茅草屋了。如果我们不能迁移到火星上，再过 20 亿年左右，在地球成为不宜居住的星球之前，我们可能早就离开这里，找到另外一颗合适的星球了！

火星地球化

很多人认为火星是最可行的地球化候选者。现在已有很多关于加热火星表面、改变其大气成分的研究，美国国家航空航天局甚至还主持了一个有关的辩论。然而，以现在的技术，要地球化火星或其他天体，还有很长的路要走。

艺术家想象中的火星地球化过程

宜居的地球

我们的地球正处于太阳的宜居带中间，这里的条件刚刚好：合适的成分（水，能量，我们熟悉的生命形式所需的碳、氧、氢、氮等化学元素），合适的地壳结构保证元素的分布，合适的温度保证液态水的存在（水可以促进原子结合变成分子），合适的卫星能保持行星稳定自转，合适的恒星能稳定提供生命的能源，合适的内核吸住大气、产生磁场阻挡致命的太阳辐射，还有合适的邻居在外围阻挡星际轰炸。

恒星可能拥有哪些宜居带?

Q4

A 星：比太阳亮 20 倍，有宽阔的宜居带。但是这类恒星比较稀少和短寿，留给行星形成生命的时间并不多

F 星：比较稀少，只占全部恒星的 2%，但是寿命稍长，可达几十亿年，是"搜星人"寻找的目标区域之一

找宜居带的理念适应于整个宇宙。不但可以找恒星周边的宜居带，也可以找星系的宜居带

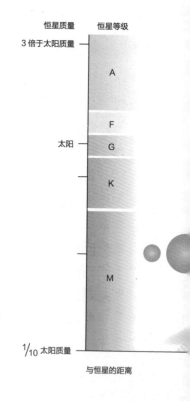

恒星质量   恒星等级

3 倍于太阳质量

A

F

太阳   G

K

M

1/10 太阳质量

与恒星的距离

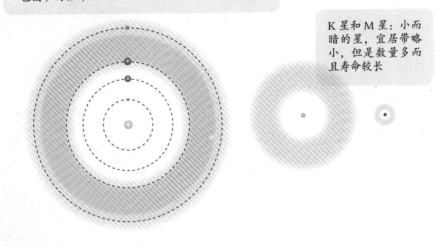

G星：包括太阳，地球现在位于宜居带内缘的边上，研究者对宜居带有一个乐观（浅色圈）和保守（深色圈）的估计

K星和M星：小而暗的星，宜居带略小，但是数量多而且寿命较长

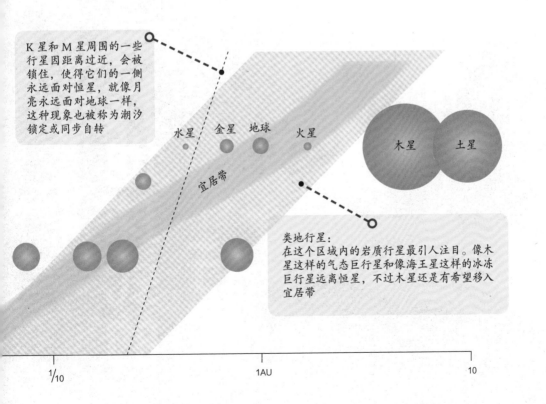

K星和M星周围的一些行星因距离过近，会被锁住，使得它们的一侧永远面对恒星，就像月亮永远面对地球一样，这种现象也被称为潮汐锁定或同步自转

水星　金星　地球　　火星

木星　土星

宜居带

类地行星：
在这个区域内的岩质行星最引人注目。像木星这样的气态巨行星和像海王星这样的冰冻巨行星远离恒星，不过木星还是有希望移入宜居带

¹⁄₁₀　　　　　　　　　　　1AU　　　　　　　　　　10

寻找地球式的行星

宇宙中的地外生命会是什么样子的呢？你把他们想象成什么样子都不为过！你甚至可以猜测他们像天神一样巨大，也可以认为他们是无形的，根本就是一种能量。但是，科学是需要实证的，科学家根据我们现在掌握的资料认为，按照我们地球生命的样子来推测地外生命是最实在的。

于是，在太空中寻找生命的第一步，就是寻找地球式的行星。

寻找地球式的行星

在 2009 年以前，已经有 1000 多颗太阳系外行星注册在案。不过，科学家收获的大部分是气体行星，这显然不符合生命存在环境的要求，当时的普遍观点是"在整个银河系中，我们的行星是唯一的"。直到 2009 年 3 月，以德国天文学家开普勒命名的空间望远镜升空。

现在，寻找太阳系外类地行星已经成为一个大热门，像哈勃、斯皮策、开普勒、詹姆斯·韦布空间望远镜和正在建造的全球最大的光学望远镜——欧洲极大望远镜都把或将把镜头对准这种不发光的星体。

"在不久的将来，人们可以指着一颗恒星说：'那颗星拥有地球式的行星。'"麻省理工学院行星科学和物理学教授萨拉·西格尔说。

生命依托在什么地方呢？

关于地球生命所依托之地的猜测，最直接的推理应该是：一个像地球一样的地方，就是具有岩石外壳的固体行星。

宇宙中有多少地球式行星？

Q2

行星"人口普查"

此刻的太空中，开普勒空间望远镜正"凝视"着天鹅、天琴和天龙座方向的 15 万多颗恒星。与环绕地球运转的哈勃空间望远镜不同，它尾随地球绕着太阳转，不会被地球遮蔽，因而能持续地观测凌星现象。开普勒空间望远镜的核心功能就是监测恒星的亮度。大多数时间内，恒星的亮度都是不变的，科学家感兴趣的是星光变暗的那段时间——它暴露了有颗行星正在从恒星前面经过。开普勒空间望远镜锁定的候选行星名单以每年几百颗的速度在增加，截止到 2014 年 11 月，已经有 4234 颗行星入围，经过筛选，真正的行星有 989 颗。在这些行星中，一颗发现就是在银河系中，海王星大小的行星比木星大小的行星更普遍，而且地球这样大小的行星也相当多。

伽利略时代的行星模型

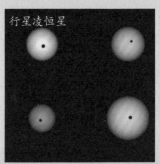

行星凌恒星

伽利略望远镜
人类历史上第一台天文望远镜，伽利略用它发现了木星的四颗卫星、土星光环、金星和水星的盈亏现象
伽利略望远镜发明年代：1609 年
它以凸透镜为物镜，凹透镜为目镜，一般长度为 1 米多，口径二三十毫米，放大率最高可达 30 倍

2013 年，美国加州大学伯克利分校的埃里克·佩蒂古拉等根据开普勒空间望远镜 4 年来搜集的数据进行分析，得出结论：银河系内类似太阳的恒星中，有 22% 拥有体积类似地球且位于宜居带内的行星。也就是说，每 5 颗类似太阳的恒星就会拥有 1 颗宜居的行星。而我们的银河系有 2000 亿颗恒星，几乎每一颗恒星都拥有自己的行星，其中 400 亿颗像我们的太阳。参与研究的天文学家杰夫·马西表示，大概有 88 亿颗类地行星绕行于类似太阳的恒星，其中最近的行星可能离我们只有 13 光年。

"热木星"

该图像是哈勃空间望远镜在执行"人马天窗凌星系外行星搜索"任务中拍摄的照片，星场包含 15 万颗恒星，这也是我们银河系的中心，离我们 26000 光年。绿色的圆共圈出了 9 颗恒星（图中仅展示部分），它们都拥有固定轨道周期的行星，且被确认为"热木星"。

行星大气层

詹姆斯·韦布空间望远镜

于 2021 年升空

它的主镜口径达 6.5 米。它将在地球背向太阳的一侧环绕太阳运转，主要负责进行红外波段的观测，可以分析系外行星的大气物质

开普勒空间望远镜

2009 年 3 月 6 日升空。它长 4.7 米，口径 0.95 米，重 1039 千克。它跟随着地球，在环绕太阳的轨道上运转。它通过发现恒星亮度周期性变暗来探测太阳系外行星。它有能力探测出 1/50000 的亮度变化。它的任务是测量系外行星的轨道、大小、质量、密度等的范围，并确定那些拥有行星的恒星的特性

怎样找到新行星？

Q3

最给力的望远镜

詹姆斯·韦布空间望远镜

开普勒空间望远镜毕竟只能寻找行星，不能直接观察和研究行星。因此，科学家对2021年升空的詹姆斯·韦布空间望远镜寄予厚望。詹姆斯·韦布空间望远镜被认为是已经服役了几十年的哈勃空间望远镜的继任者。以詹姆斯·韦布空间望远镜的能力，不仅能让我们探测到更小的行星，还可以通过凌星测量行星的大气。

欧洲极大望远镜

同时，建造地面超大望远镜的计划也在进行。2014年6月，欧洲极大望远镜在智利开建，它将是世界上最大的光学望远镜，反射镜的直径有39米，面积则相当于半个足球场。它的集光能力比现在最强的光学望远镜还要强13倍，提供的影像将比哈勃空间望远镜清晰16倍。

欧洲极大望远镜，主镜直径为39米，由798个六角形小镜片拼接而成，集光面积达到了978平方米，建造完成后将成为世界上最大的光学望远镜

"天文学家将会利用欧洲极大望远镜来寻找更多的太阳系外行星。在今后几十年中，它都将会是最给力的望远镜。"南欧天文台的天文学家约亨·里斯克在接受采访时说。

欧洲极大望远镜将会帮助我们进一步研究太阳系外行星、宇宙中第一个星系、超大质量黑洞，以及宇宙中的暗物质和暗能量。"它可以帮助我们弄清这些行星到底是什么样子。最重要的是，它能够探测到系外行星上的大气，并或多或少地分析出大气成分。"

"为什么这很重要？因为我们的终极目标是寻找外星生物的第一证据。我们知道地球生物的出现改变了地球大气的成分。通过分析系外行星的大气成分，我们希望发现行星上的生命迹象。"里斯克说，"毫无疑问，证明地球并不是唯一存在生命的行星将是有史以来最重要的科学发现。"

怎样找到新行星

"从地球上观测太阳系外行星，就像试图在一个巨大的探照灯周围观察一只上下扑腾的飞蛾，而且探照灯在纽约，而你是在洛杉矶（相当于北京到拉萨的距离）！"美国麻省理工学院的萨拉·西格尔比喻说。

而当天空中布满不计其数的探照灯时，该怎样寻找飞蛾？又该怎样辨认出它们是哪类飞蛾？科学家不直接看飞蛾，而是通过观察探照灯——恒星来证明飞蛾的存在。

你知道为什么寻找行星如此困难吗？

因为行星是不发光的，就算它能反射恒星的光，但是相对于恒星的光度，这点反射光是微乎其微的。在恒星距离我们极其遥远，就算观察恒星都模糊不清的情况下，要观察它身旁的行星就更困难了。

恒星在怎样运动？

Q4

行星离恒星越近，恒星摆动的幅度越大。如果我们观察一颗拥有行星轨道的恒星，我们虽然看不见行星，但是我们可以看到恒星的摆动。

左右位置的"摆动"

天文学家搜集几年来有关恒星的照片，然后将它们进行比较，看恒星的位置是否左右移动。这听起来很简单，但是由于恒星太遥远，它们的位置似乎只改变了一点点。比如，我们站在离太阳最近的恒星上观察太阳，尽管太阳周围有 8 颗行星牵引着，太阳也只摆动了千分之几角秒。

探测如此微小的移动，就好像尝试阅读 2000 千米外杂志上的文章。1996 年 6 月，美国宾夕法尼亚州匹兹堡阿勒格尼天文台的天文学家乔治·盖特伍德称，通过天体测量方法探测到拉朗德 21185 号恒星周围有两颗木星大小的行星。但是，这一发现一直没有得到证实。现在我们有了更先进的观测设备和准确的数据，这种方法就已很少使用。

受牵制的恒星

当行星绕着恒星公转时，引力不但让行星绕着恒星转，同时让恒星随着行星的公转而摆动；摆动的样子就像一个旋转着的陀螺。陀螺不只在一个点上转，而是在自转的同时在一个小范围里绕圈子。

44

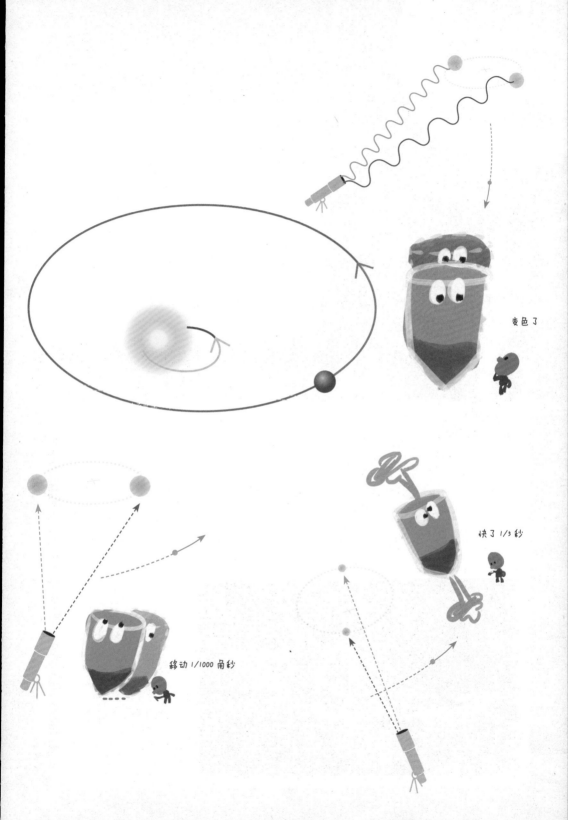

变色了

快了 1/3 秒

移动 1/1000 角秒

如何发现未知的行星？

Q5

如果一颗恒星恰好是脉冲星，那就可以利用它的脉冲周期来发现行星。

如果有行星围绕脉冲星旋转，将会影响到脉冲星的运动，同时使它发射脉冲的间隔时间产生变化。当脉冲星靠近地球时，我们接收脉冲的时间早于平均时间；当脉冲星远离地球时，我们接收脉冲的时间晚于平均时间。因此，通过精确计算接收无线电脉冲的时间，就可以确认这颗恒星周围的行星。

红移——光谱上的"摆动"

摆动是沿着一个小圈转圈子，这里面就有一个向前和向后的移动，而正是这种运动，导致了恒星的颜色变化。

当恒星靠近我们时，恒星光线的波长缩短，或者说发生了蓝移；而当恒星远离我们时，波长加长，也就是红移。这种现象称为多普勒效应。

利用这种现象，加上其他测量数据，就可以确定行星的质量以及行星轨道的大小和形状。在 2009 年开普勒望远镜任务开始前，大多数系外行星都是通过这种方法发现的。

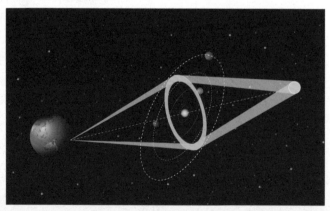

背景恒星的光经过透镜恒星发生弯曲，又受到围绕其旋转的行星影响的光路图（图片来源：S. Gaudi and D. Bennett）

"弯曲"观测

还有两种方法需要天文学家捕捉恰当时机，就是在行星掠过恒星之际。

第一种来自引力透镜效应，被称为"微引力透镜技术"。它不是看行星和恒星的相互作用，而是看它们周围的光线弯曲度。根据爱因斯坦的广义相对论，大质量天体可以弯曲空间。当一个天体正好经过地球与它的背景恒星之间时，天体的引力场使恒星的光线发生弯曲，增加了恒星光线的强度。这种透镜效应可以导致恒星突然变亮100倍，由此泄露了行星的踪迹。

应用微引力透镜技术更容易观测到离G星（类似太阳的恒星）1～10天文单位远的行星。不过不幸的是，望远镜所看到的类似恒星都十分遥远，即使探测到一颗行星，我们可能也无法获得这个地外世界的具体情况，遥远的距离让任何现存的望远镜都无法继续跟踪。

第二种方法是"凌日法"，我们将在下一节详细讲述。

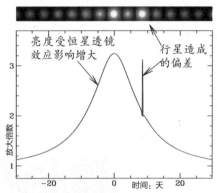

恒星和行星一起使背景恒星的光的亮度产生变化。行星的影响力很小，但也可以观测出来。图右边那个小峰值就是行星的影响，可以看到由于这个影响，上面的恒星亮度也有明显变化

脉冲星

脉冲星是垂死的中子星，它们在轨道中精确而快速地旋转着。通常一秒左右便可旋转一次。它们每次旋转时，都会发射无线电脉冲信号。

如何获取行星的信息？

Q6

凌日法

凌日法被成功地运用到捕捉太阳系外行的实验中，这里的"日"泛指所有恒星。当我们在固定的时间间隔中，看到3次恒星"眨眼"，而且每次持续时间相同，基本就可以排除其他原因，确定是一次"凌日"，同时计算出行星的轨道周期。

你还可以由此知道行星的大小。恒星的变暗可以反映恒星和行星之间的体积比的变化。

这样再加上光谱分析，你还能知道行星的质量，于是就可以计算出行星的密度，进而有可能分析它的组成。

带给我们探测太阳系外行星最大收获的开普勒空间望远镜使用的就是凌日法。这种方法速度快，可以寻找小直径的行星。不过导致恒星亮度变化的原因很多，所以，我们收获的只是候选名单，还需要通过光谱分析等方法进行筛选和验证。

这张图显示的是艺术家所绘开普勒空间望远镜在 2010 年 8 月 26 日观测到的三星同时凌日的景象。开普勒－11 是一颗 G 星，由 6 颗行星环绕。经常有 2 颗及以上的行星同时从恒星前掠过

应用凌日法的条件

这种方法只有当地球、行星和恒星运转到同一条直线上的时候才能使用。当行星从地球和恒星之间经过的时候，恒星好像是在"眨眼"（这种现象与我们 2012 年 6 月观测到的金星横穿太阳表面时的情景一模一样）。当一颗木星大小的太阳系外行星横穿恒星时，恒星的光线变暗，这就给了我们发现这颗行星的机会。

在家观星需要做哪些准备？

Q1

目镜

买天文望远镜时应配备 2 ~ 3 个目镜。目镜的功用在于放大，通常一部望远镜都要配备低、中和高倍率三种目镜。如果没有很好的目镜，即使用很高级的物镜，其观测结果也不会很理想。所以，买目镜的时候，在经济条件允许的范围内，应尽可能买等级高的目镜。因为口径大进光量也多，所以目镜的口径越大越好。

寻星镜

另外还有寻星镜。为什么需要寻星镜呢？因为主镜筒通常都是数十倍倍率以上，在找星星时，如果使用主镜筒米找，因为视野小，将很难找到，因此我们使用只有 5 ~ 12 倍的小望远镜，利用它具有较大视野的功能，先将要观测的星星位置找出来，然后再用主镜观察星星。寻星镜的口径以 30 ~ 50 毫米，并且带十字线装置的为好。

三脚架

最后，因为天文望远镜的视野很小，尤其是高倍率时，有一点点震动的话，图像就会跑出视野，所以，选择望远镜的同时要选择牢固结实的三脚架。

观星条件

观星最好是等到没有月光干扰、天气晴朗、没有雾霾的日子。如果你住在大城市，那么最好是把望远镜搬到市郊。

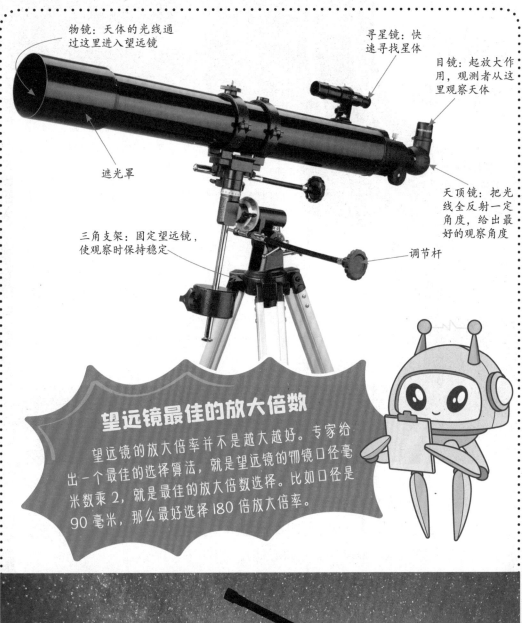

物镜：天体的光线通过这里进入望远镜

寻星镜：快速寻找星体

目镜：起放大作用，观测者从这里观察天体

遮光罩

天顶镜：把光线全反射一定角度，给出最好的观察角度

三角支架：固定望远镜，使观察时保持稳定

调节杆

望远镜最佳的放大倍数

望远镜的放大倍率并不是越大越好。专家给出一个最佳的选择算法，就是望远镜的物镜口径毫米数乘2，就是最佳的放大倍数选择。比如口径是90毫米，那么最好选择180倍放大倍率。

我们可以观测到什么？

Q8

观察水星和金星

水星是自古以来最难用肉眼观测的。不是因为它离地球太远，而是因为它离太阳太近。观察水星的最佳时机是在日出之前约50分钟，或日落后50分钟。朝太阳的方向看，需要牢记的是不要直接看太阳。要找水星，春分时节在西方的双鱼座、白羊座，秋分时节在狮子座、室女座。水星很明亮，在黎明和黄昏的低空中散发着黄色光芒。

在日出前和日落后地平线48°以内，观测到金星是件轻而易举的事，因为它的亮度比木星最亮时还亮6倍，有时在白天也能看到它。最让人惊奇的是，金星在"新月弯弯"的时候是最亮的，因为此时它离地球最近。

观察火星

观察火星可看极冠、火星上的盆地和运河等地貌特征。当火星处于"火星—地球—太阳"这种位置时（也称为"冲日"），最容易观测。这时，火星距地球最近，日落时它从东方升起，日出时它才西落，整夜可见。如果你架上望远镜，找到火星的两颗土豆状的卫星，那你的运气就太好了。

观察木星

木星很具观赏性，大红斑，云带条纹，还有4颗卫星。寻找木星，要先找到相应的星座。因为木星的公转周期大约是12年，所以，它一年在一个星座逗留，12年在12个星座转一圈。木星于2014年到2015年在巨蟹座"钓螃蟹"，在2015年到2016年去白羊座"放羊"，在2016年到2017年来室女座"约会"。

观察其他

看土星光环、卡西尼缝和土卫六。寻找土星，也要先找到相应的星座。因为土星的公转周期是 28～29 年，所以，它占据一个星座的时间大约是 2.5 年。2012 年 10 月至 2014 年底，土星就一直在天秤座附近。

用天文年历（或者天文网站）可以找出遥远的天王星和海王星在天空出现的位置。再用 40 倍放大倍率的望远镜可以看到天王星呈圆盘状。

更为暗淡和遥远的矮行星冥王星需要口径 30 厘米的望远镜和极佳的天气条件才能观测到，怪不得它曾作为行星困扰天文学家好多年。

左图是美国国家航空航天局拍摄的土星，右图是用 150 毫米口径、100 倍放大倍率望远镜看到的土星

天文爱好者观星指南

在互联网普及之前，天文爱好者需要事先查阅很详尽的图表资料，以便知道去哪里找哪颗星。现在，所有的资讯都只需动动指尖就可以上网查询。

你可以浏览这类网站，获得观星资讯。

如，星天观测指南网站：

http://earthsky.org/

上面会告诉你当月哪一天在哪个方位可以找到哪一颗星。

另外，也可以使用一些手机上的 App，通过这类 App 与手机里的定位功能、时间功能和方向功能找到对应的星空图。

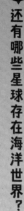

哪里有水
哪里就可能有生命

Q1 什么是生命活动的最佳溶剂？

Q2 水在生命形成中扮演什么角色？

Q3 还有哪些星球存在海洋世界？

生物体内无时无刻不在进行着化学反应，例如合成蛋白质，或是分解糖类释放能量，这些反应对于生命活动都是至关重要的。而这就要有一种液态的物质作为溶剂来帮助进行化学反应，并把化学物质传递到生物体的各个部位。

什么是生命活动的最佳溶剂？

Q1

液态物质

那么，如果我们化身为"造物主"，打算从无到有制造生命，应该选择哪种液态物质呢？首先，让我们看看有什么原料可用。太阳系中的元素最常见的依次为氢、氦、氖、氮、碳、硅、镁、铁、硫。我们知道氦和氖是惰性气体，在化学性质方面很不活跃，很难形成化合物，所以，不能作为溶剂的材料。

温度范围

在剩下的元素中，可以形成的液态物质和它们保持液态的温度范围是：

◆水 (H_2O)：0 ~ 100℃

◆氨 (NH_3)：−78 ~ −33℃

◆硫化氢 (H_2S)：−86 ~ −60℃

◆甲烷 (CH_4)：−183 ~ −161℃

◆乙烷 (C_2H_6)：−183 ~ −89℃

组成水的氢和氧都是太阳系中最常见的元素

在这些液态的溶剂中，水的液态温度范围最大，温度最高。因为温度范围大，所以，水能在更宽的温度环境里形成液态，也就是说存在液态水的可能性更大；因为温度高，所以水能有更多的能量提供生物化学反应，生物化学反应更活跃。由此可见，水是我们最佳的选择，而现实中也正是如此，地球上的生命都是离不开水的。

水在生命形成中扮演什么角色？

Q2

甲烷、乙烷

当然，科学家并不认为生命绝对要以水为溶剂。比如，在土星的卫星泰坦上存在大量的液态甲烷、乙烷，科学家根据甲烷、乙烷的化学特性做了大量的研究，推测以甲烷、乙烷为液态溶剂的生命会有怎样的形态和特性。

化学反应环境

甲烷等毕竟只是科学家理论上的推测，按我们现在的认识，水是生命活动的最佳溶剂。物质溶在水中，成为离散的分子或离子，有了充分混合的机会，令化学反应容易进行。

而且，水本身往往也要参与到重要的生化反应中。水不但为生命提供化学反应的环境，也承担了生命活动的"物流"。我们来看植物，植物根部只能吸收溶于水中的无机盐，若没有水作为溶剂，植物便不能从土壤中吸取养料。

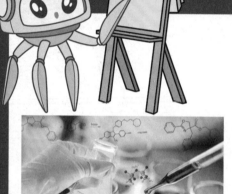

水为化学反应提供了理想的环境

保护作用

在地球生命诞生初期，水还会起到保护的作用。在早期的地球上，因为大气中没有氧气，也没有臭氧层，紫外线可以直达地面，所以，陆地上并没有生命存在。但是靠海水的保护，生物首先在海洋里诞生。大约在 38 亿年前，在海洋里产生了有机物，先有低等的单细胞生物。在 6 亿年前的新元古代，有了可利用阳光进行光合作用的蓝细菌，开始不断释放氧气。氧气慢慢积累的结果，是形成了臭氧层。此时，生物才开始登上陆地，蓬勃的生机才在地球上蔓延开来。

支持生命

水有些特殊的性质使它更适合支持生命。其他所有的液体凝结成固体时，密度会增加，体积会缩小，这是"热胀冷缩"。但是，非常奇怪的是，水结成冰时却是体积增大而密度降低。大家不要小看水的这种"异象"。如果没有这种现象，地球上可能就没有生命的存在。假设水结成冰时密度增大，接下来会发生什么呢？冰会沉到河底，这样，很快地整条河会被凝冻，水里的生物会被冻死。而现在因为冰能浮于水面，天气严寒时，冰先在水面结成。这一层冰会阻隔冷空气和下层的河水之间的热交换，使下层的河水免于冻结，生于水中的生物在冰层下较暖和的水中可免于被冻死。

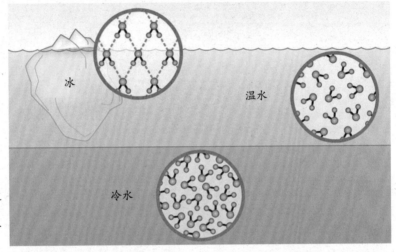

冰

温水

冷水

水结成冰密度反而会下降，这种性质对生命也是有利的

直到现在，我们还没有足够的证据可以证明，如果没有水，生命是否能够存在。但是可以确定的是，地球上的生命是绝对离不开水的。所以，当天文学家寻找地球以外的生命足迹时，首先要找的就是液态水。派往火星的探测器在寻找液态水的痕迹，而我们之所以对木卫二等卫星格外关注，也是因为它们厚厚的冰层下可能有液态水存在。行星轨道的宜居带，其实也就是可以让液态水存在的轨道范围。有水的地方，就可能存在生命。

动物体内的水

在动物体内，遍布全身的血管如同运河一样，通过主要成分是水的血液把营养物质和氧送到各个器官。

还有哪些星球存在海洋世界？

Q3

太阳系水文

太阳系的海洋世界并不仅仅指地球上的，许多卫星和矮行星上也有以不同形式存在的海洋，为我们探索发现地球以外的生命提供了线索。

哪里有水，哪里就可能有生命——我们要在大阳系探索生命，以下所述星球是最佳选择。

类地行星——地球

人类的家园——地球，是目前唯一已知有生命存在的星球，被称作"海洋星球"。其表面的水温比为71∶29。

与地球大小的对比
到太阳的距离 1天文单位
活跃的海洋世界

矮行星——谷神星（又名"克瑞斯"）

科学家估测，谷神星大约25%的成分是水冰，其中有小部分可能是液态水。然而谷神星是否有液体海洋尚待确认，或许美国国家航空航天局发射的"黎明号"探测器会为我们揭晓谜底。

到太阳的距离 4天文单位
可能存在海洋

木星卫星——木卫二（又名"欧罗巴"）

科学家大胆猜测，木卫二表面的冰层底下有一片地下咸水海洋，其母行星木星带来的潮汐热使这片冻态冰盖保持液态。同时也使木卫二的外壳布满冻化的沉洞，或者说是湖泊。

与地球大小的对比
到太阳的距离 5.2天文单位
沉睡的海洋世界

木星卫星——木卫三（又名"伽倪墨得斯"）

木卫三是太阳系中最大的卫星，也是唯一拥有独立磁场的卫星。研究表明，木卫三的外壳与内核之间可能存有大量咸水冰。2015年3月12日，美国国家航空航天局宣布，木卫三深层咸水海洋被认为比地球液态水多。

与地球大小的对比
到太阳的距离 5.2天文单位
活跃的海洋世界

木星卫星——木卫四（又名"卡利斯托"）

木卫四玩注注的表面下厚约200千米的冰层，冰层下可能深达10千米深海。

与地球大小的对比
到太阳的距离 5.2天文单位
沉睡的海洋世界

58

土星卫星——土卫二（又名"恩克拉多斯"）
科学家预测，土卫二南极表面冰层30~40千米以下有一万米以深约10千米的局域水库，这些冰汹涌通过土卫二表面狭长的裂谷缝带（被称为"虎皮条纹"）喷发条出来。

与地球大小的对比
到太阳的距离
9.5天文单位
活跃的海洋世界

土星卫星——土卫六（又名"泰坦"）
科学家认为，土卫六冰层表面约50千米以下有一片与地球上的死海一样咸的地下咸水海洋。这片地下海洋可能比较浅，夹于冰层之间，也可能比较深，一直在下延伸至土卫六的岩层内部。

与地球大小的对比
到太阳的距离
9.5天文单位
沉睡的海洋世界

土星卫星——土卫一（又名"米玛斯"）
研究表明，土卫一或有一片地下海洋，或内核形状像橄榄球，是太阳系中最冷的卫星之一。若真有一片液态海洋，应该在距表层玩玩24~31千米以下。

与地球大小的对比
到太阳的距离
9.5天文单位
可能存在海洋

海王星卫星——海卫一（又名"特里同"）
海卫一活跃的间歇浆会喷出大量氮气，是太阳系外层活跃的卫星之一，其表冰冷。多火山和裂缝，这很可能是潮汐热造成的。海卫一可能存在一片地下海洋，但未得到证实。

与地球大小的对比
到太阳的距离
30.1天文单位
可能存在海洋

矮行星——冥王星
冥王星是一个充满未知的神秘世界，它可能有光环，间歇泉，也可能有一片地下海洋。冥王星是否含有一方海洋呢？美国国家航空航天局发射的"新视野号"探测器或许会为我们揭晓答案。

与地球大小的对比
到太阳的距离
39.5天文单位
可能存在海洋

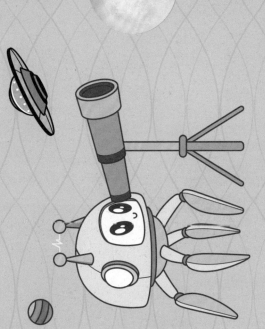

火星搜寻

"好奇号"的任务是什么？

Q1

2011年，作为美国国家航空航天局"火星科学实验室"任务的一部分，携带着多种先进装备的火星探测器"好奇号"被送离地球。2012年8月6日，"好奇号"成功使用直升机型空中吊臂技术降落至火星上的盖尔环形山。此时此刻，在火星地表上，这辆身材如一台Mini Cooper，身价达25亿美元的"机车"正在以每小时30米的速度爬行（速度可能还不及你在草丛里发现的蜗牛）。它从着陆到迈出第一步一直吸引着地球上数十亿人的关注。

这个背负一个迷你实验室的小机器人正在帮人类干活挖土，更确切地说，是在火星上进行土壤分析和岩石钻探，帮助人类了解那个古老的曾经适宜孕育生命的火星。

"好奇号"在火星上的自拍照

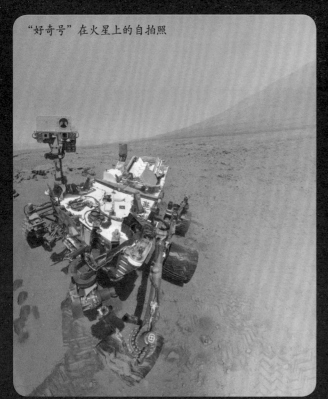

火星的表面 ☒

火星的表面并不支持我们已知的生命形式，但是有证据显示，在数十亿年前，这里曾存在可能支持生命的气候。

除了液态水还可以寻找什么？

Q2

在太阳系的行星中，火星是和地球最相像的一个，也是人类寻找地外生命的首选地。而寻找生命的关键，就是寻找液态水。之前，人类已经向火星派出了多个环绕它飞行的轨道探测器，还有数个降落到火星表面的登陆器，这些探测器的发现已经明确无误地表明，火星上曾有液态水存在。

"好奇号"

与前任相比，"好奇号"的设计及装备是为了挖掘更深的岩石和土壤，采集火星内层的粉末样品。它的任务不仅是寻找液态水的痕迹，科学家还希望从"好奇号"的迷你实验室传回的分析结果中进一步获得火星古老的地质记录，并捕捉可能的生物存在的痕迹。

"好奇号"拍摄到的古火星河道，河道中水流冲击形成的卵石清晰可见

轨道探测器的发现

轨道探测器，例如火星"奥德赛"和"环火星巡逻者"拍摄的火星地貌照片上，可以找到远古的河流留下的河道，还有近期（1亿年内，地质学意义上的近期）环形山的山坡上水流冲刷出的沟渠。登陆火星的"机遇号"和"勇气号"，发现了许多只有在水中才能形成的矿物，例如针铁矿。

地球时间 2013 年 2 月 8 日，"黄刀湾"
火星洼地（据判断，这里是古代河流系统的终点
或者间歇性的湖床），"好奇号"瞄准一块扁平
且有细密纹理的火星沉积岩"约翰·克莱因"（以
已故的"火星科学实验室"项目副主任的名字命
名），抬起 2 米长、30 千克重的机械臂向下探去。
机械臂顶部的钻孔机伸出，钻头对准岩石表面，
开始向下钻探。不到 20 秒，一个深 6.35 厘米、
直径为 1.52 厘米的具有历史意义的小洞就形成
了。然后，"好奇号"将从岩石中取得的粉末样
本倒入机械臂下方的一个开放式铲斗中。

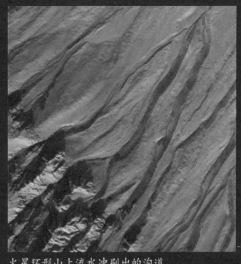

火星环形山上流水冲刷出的沟道

　　获得火星岩石的粉末样本仅仅是第一步，研究者还要操控"好奇号"筛选样本，然后
将一部分样本送至它携带的分析仪器。装着珍贵样本的铲斗是"好奇号"现场火星岩石分析
仪的采集和处理部件。下一步，就是将粉末装入铲斗，让其通过一个滤网，筛选出直径大于
150 微米的任何粒子。筛选出的一小部分样本将被送入位于火星车舱体顶部的化学与矿物学
分析仪和火星样本分析仪（SAM）的入口处等待分析。

火星（左）
和地球（右）
上的岩石对
比，可见它
们都是由水
底的沉积物
构成的，里
面嵌着在水
流中形成的
卵石

火星岩石粉末的成分是什么？

Q3

火星岩石的粉末

　　"好奇号"首次钻探样本分析结果显示，盖尔环形山在古代曾具备适合微生物存在的地理和化学环境：主要的元素成分、能量和既不酸也不太咸的积水。样本中检测到水、二氧化碳、氧气、二氧化硫、硫化氢，还有氯甲烷和二氯甲烷以及黏土类矿物。这些黏土类矿物是淡水与火成岩矿物发生反应而生成的。

　　科学家还惊讶地发现了混合物中包括氧化的、半氧化的甚至完全未氧化的化学物质，这些化学物质形成了类似地球上许多微生物赖以生存的能量梯度。

　　而这里还不是"好奇号"的终点，它要继续向西南方向的夏普山进发。

"好奇号"取得的岩石粉末样本

"好奇号"2013年2月8日在火星岩石上挖掘的6.35厘米深的洞

夏普山的秘密

　　科学家推测，夏普山是由堆积在环形山中的沉积物构成的，这些沉积物一度填满了环形山内部，后来逐渐被风沙和流水侵蚀得只剩下了中间的高山。因为古老的沉积物堆在下面，后来的堆在上面，整座夏普山就如同一本打开的书，它的岩层从下到上记载着这个区域的历史。

前往夏普山

　　从着陆地到夏普山底部的路程有 8000 多米，耗时一年多。在火星上开车可不是件容易的工作，如果出了事故，那么是没有道路救援来帮忙的。科学家不但要不断观察周围的地形，小心翼翼地驾驶，还要结合火星轨道探测器的观测数据选择合适的路线。

到达夏普山

　　2014 年 9 月 11 日，美国国家航空航天局宣布"好奇号"成功抵达了夏普山的山脚下，并立即投入钻探。科学家在同年 12 月发布的观察结果中称，夏普山的前身可能是一系列的湖泊。

夏普山

"夏普山"是盖尔环形山中心的一座 5000 多米高的山峰，它是此次"好奇号"探测任务的终点。

"好奇号"探测到了什么?

Q4

有机物

"好奇号"在对火星大气的探测中发现了甲烷的变化。科学家在"好奇号"于登陆地点获得的一块泥岩样本中,检测到了含有碳原子、氯原子等的有机物。这是首次在火星表面确切检测到有机物(去除设备本身携带有机物的可能性)。它们可能来自古老火星的生命,也可能来自古老温泉中水的化学反应或是行星的尘埃、小行星或彗星的碎片。

不过,可以肯定的是,"在 38 亿年前,地球诞生生命之际,火星曾具备同样的条件。"戈达德太空飞行中心的卡罗琳·弗雷斯内特说。

火星上的路可不好走,"好奇号"坚硬的金属车轮也被硌出了许多坑洼,所以科学家要选择更容易走的路线

▲ 夏普山就在眼前了

火星表面发现远古泥浆痕迹

　　2016 年，"好奇号"发现了一些火星历史的新线索，包括可能源自干涸湖泊的水流痕迹，以及表明火星一度存在过氧气的矿质沉积物。2017 年一开始，"好奇号"又对一个新发现的自然构造进行了探索。这是一块布满交叉裂纹的岩石，研究者认为，这些脊状裂纹很可能就是泥裂（或称"干缩裂缝"）。NASA 的一篇博客文章中写道，这些形成于 30 亿年前的裂纹被掩埋在沉积物层之下，最终都变成了层状岩石的一部分。发现岩石的地点位于夏普山低处的"Old Soaker"区域，风蚀作用使岩石暴露在地表之上。这一地点还发现了被称为"交错层理"的沉积物形态，可能形成于水流非常猛烈的位置，比如湖泊的岸滩。同样地，这些沉积物也是由于干燥时期的风蚀作用才显露出来。

Old Soaker

　　火星岩石板上分布的网状裂缝叫作"Old Soaker"，它们可能形成于 30 多亿年前逐渐干枯的泥浆层。粗略观测该岩石板从左至右长度大约 1.2 米。

67

卫星也有可能孕育生命

Q1 哪些卫星可能孕育生命？

Q2 在木卫二上水是如何存在的？

Q3 土卫六存在哪些孕育生命的条件？

Q4 如何探索木卫二？

在太阳系中，人类搜索地外生命的首选目标一直是火星。在太阳系外，天文学家也一直在寻找处于宜居带的行星。的确，依我们的经验，行星才是孕育生命的摇篮。但考虑一下生命存在需要的条件，你就会意识到卫星这种围绕行星本身运转的天体，同样有机会承载生命。

你如果看过电影《阿凡达》的话，可能对外星世界潘多拉的天空中悬着的巨大"月亮"还有印象。实际上居住着种类繁多的生物的潘多拉本身才是一个"月亮"，也就是卫星，而那遮住了半个天空的巨大天体则是潘多拉环绕运转的气态巨行星。电影虽然是虚构的，但这样有生命居住的卫星是完全可能存在的。在现实中，太阳系的木星和土星也拥有几个大块头的卫星，可能孕育生命的希望之地就在这些卫星中。

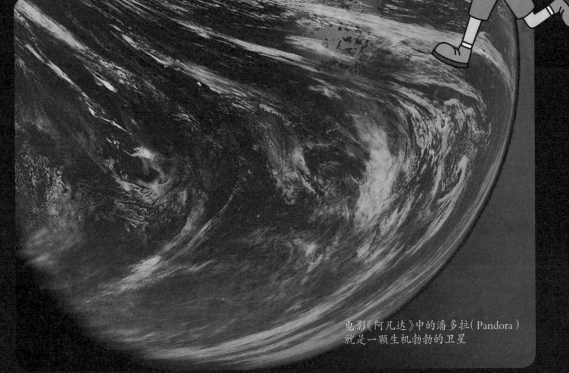

电影《阿凡达》中的潘多拉（Pandora）就是一颗生机勃勃的卫星

在木卫二上水是如何存在的？

Q2

木卫二

我们知道，寻找生命重在寻找液态水。生机勃勃的地球表面有 71% 覆盖着由液态水组成的汪洋大海。而在太阳系中，还有个星球表面也覆盖着海洋，它就是木星的卫星木卫二欧罗巴。

冰的存在

木卫二是木星第四大的卫星，个头比月球稍小一点。科学家很早就知道木卫二的表面上都是冰。而美国国家航空航天局的"伽利略号"探测器拍摄的照片显示，木卫二的冰面上分布着各式各样的条纹，这很可能是冰面下的液态水涌出形成的。

沟壑纵横的木卫二，这种地貌可能是因为冰层下的水涌出而形成的（图片来源：美国国家航空航天局喷气推进实验室）

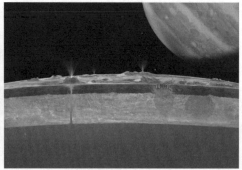

木卫二的冰层下隐藏着辽阔的海洋，有时候海水会冲破冰层，形成巨大的喷泉

木卫二生命可能的存在方式

黑暗海洋中存在着生命，这对于地球人来说其实并不陌生。虽然多数地球生物的食物来源归根结底都是植物的光合作用，因而大家都离不开阳光，但在海底火山的热液喷口周围也生活着大量的生物。在这里，生物圈的基础是从热液中的硫化物获取能量来制造食物的古细菌。如果木卫二上真的存在生物，可能其生存方式就与地球上深海热液喷口附近的生物类似。

磁场

而且，"伽利略号"还发现木卫二有微弱的磁场，这意味着它的内部有导电的液体，当然也就是水了。这些迹象表明，木卫二的冰层下面充满了液态水。木卫二上的水甚至比地球上的还要多，这些溶解了丰富矿物质的海水完全可能孕育生命。

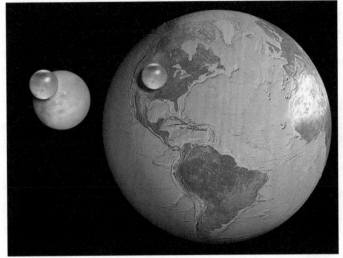

如果让地球和木卫二上全部的水都聚集成一个球，其比例如图所示。可见木卫二上的水比地球上的还要多

木卫二上储存有多少水

现在根据各种观测数据，科学家可以推测出木卫二表面冰层的厚度为 15 ~ 25 千米，而在冰层下面是覆盖整个星球的海洋，海水的深度可达 60 ~ 150 千米。

潮汐力

远离太阳的木卫二获得的光和热非常有限，但还能保持液态海洋的原因在于它从其他途径获得了热。木星的卫星数量众多，卫星之间的相互作用让木卫二的轨道偏离圆形成为椭圆。而在椭圆的轨道上的不同位置，木卫二受到的木星潮汐力是不同的。潮汐力忽强忽弱，揉搓着木卫二就好像揉着一个面团（只是没有面团那么软）。由此木卫二自身的岩石互相摩擦，加热了木卫二的内部。木卫二的海洋很可能是越到深处温度越高。

土卫六存在哪些孕育生命的条件？

Q3

另一个的候选地点

另一个吸引科学家注意力的地方是土星最大的卫星土卫六泰坦，它在整个太阳系的卫星中个头能排上第二，甚至比水星还要大一些。土卫六的独特之处在于它是太阳系中唯一拥有真正大气的卫星。它的大气相当浓厚，星球表面的气压甚至比地球大气压还要高。那里大气的主要成分是氮气，另外还有少量的甲烷。

大气化学成分

美国国家航空航天局的"卡西尼号"探测器到访了土卫六，并投下了"惠更斯号"探测器。"惠更斯号"在下落过程中拍摄了许多照片，而且分析了周围的人气化学成分。科学家发现，土卫六的大气使得它拥有类似地球的天气现象——云层、闪电，甚至降雨。只是它的云层是甲烷和其他有机物组成的，降下的雨也是甲烷雨。在土卫六覆盖着厚厚冰层的表面，有液态乙烷和甲烷的湖泊与河流，这些河流塑造出了丰富多彩的地形。

有机分子

作为生命存在之地的候选者，土卫六的优势在于那里有种类丰富的有机分子，比如氰化物之类，这跟地球生命诞生前的大气和海洋中的有机物成分很接近。有实验证明，这些分子在闪电等条件下可以组合成生命的基础——氨基酸。土卫六的不利之处也很明显，那里非常冷，表面温度大概只有 -179℃。不过根据"卡西尼号"的观测，科学家推断土卫六也有潮汐加热现象，因此在冰层下面很可能也存在着能够孕育生命的地下海洋。

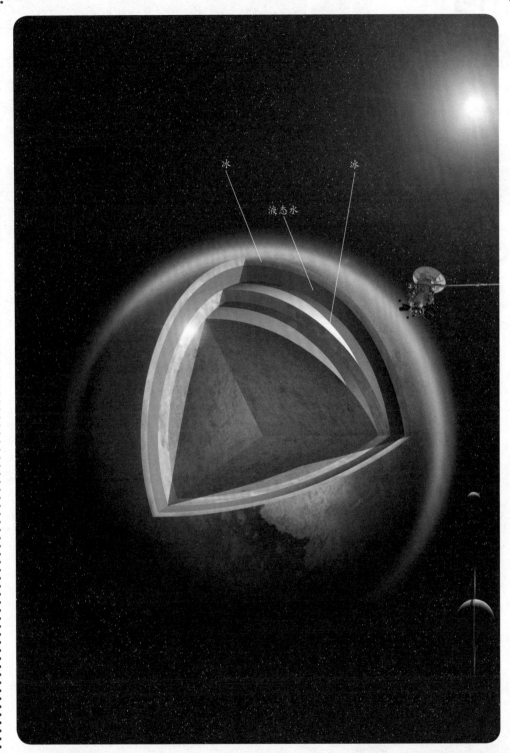

冰

液态水

冰

土卫六的内部结构，表面的冰层下是液态水组成的海洋，海洋深处水在高压下凝固成了冰，形成了
另外一个冰层

如何探索木卫二？

Q4

即使土卫六现在没有生命，在遥远的未来，当太阳随着年龄增大发光不断增强的时候，生命也可能会出现在那里。接收到了更多的光和热之后，土卫六的冰层可能融化，从而出现一个富含有机物的海洋。然后，在地球上曾经进行过的创生过程就可能在那里重演了。

先去哪颗卫星

木卫二快船

虽然科学家对木卫二和土卫六都感兴趣，希望能把探测器送往那里，但遗憾的是，经费有限，这两个地方只能去一处。科学家拿出了各自的方案，最终木卫二战胜了土卫六。美国国家航空航天局的计划是"木卫二快船"，这个项目要让探测器多次飞掠木卫二，飞掠时距离卫星表面最远 2700 千米，最近仅 25 千米，从而更加仔细地观测木卫二的表面。

不仅美国有"木卫二快船"的计划，欧洲航天局也有探索木卫二的计划，他们打算发射探测器，在 2030 年抵达木星附近，对木卫二和另一颗覆盖着冰层的卫星木卫三进行探测。

探索的目的

虽然科学家一直在努力，可如果最终我们在火星、木卫二、土卫六或是其他地方都没能找到生命呢？英国天体生物学中心主任查尔斯·科克尔说："许多人以为天体生物学就是搜寻生命，如果没找到的话，就非常扫兴。但实际上并非如此。如果我们发现宇宙中众多的行星都没有生命存在，地球是唯一孕育生命的地方，那这本身就是非常惊人的发现。虽然这样的发现让人类倍感寂寥，但它的确是惊人的。"

生命起源的线索

　　彗星保存了太阳系诞生之初的物质，而且在行星的形成中发挥了巨大的作用，它们身上隐藏着太阳系形成过程的线索。另外，地球的海洋很可能就是来自彗星。彗星不但带来了水，还带来了各种复杂的有机分子，这些有机物富含碳、氢、氮、氧等元素，而这些元素也恰好是蛋白质和 DNA 的成分。科学家猜测，彗星带来的有机物有可能就是地球生命诞生的基石。所以，彗星可以说也手握着生命起源的线索。

初探彗星

Q1

人们怎样探测彗星？

人们怎样探测彗星？

2014年11月13日，欧洲空间局的"罗塞塔号"漫长的逐星之旅终于画上了一个还算圆满的句号，它释放的"菲莱"着陆器成功地降落在了67P（楚留莫夫—格拉希门克）彗星表面。

"罗塞塔号"的旅程开始于2004年，它搭乘"阿丽亚娜"5型火箭从地球启程，向彗星飞去。

按照计划，"罗塞塔号"将会成为第一个长期围绕彗星运转的探测器，并且，"菲莱"着陆器也会是人类首个在彗星表面软着陆的探测器。美国的"深度撞击"探测器曾与坦普尔彗星亲密接触，但正如它的名字，探测器是撞向彗星的。

科学家一直希望可以直接对彗星上的物质进行分析研究，"罗塞塔号"的目的就是满足他们的这个愿望。"罗塞塔号"和"菲莱"上的仪器可以更加准确地分析彗星上都有什么有机分子，它们甚至有能力探测出氨基酸这样的对生命非常关键的物质。

2014年8月6日，"罗塞塔号"终于抵达了67P彗星身旁，开始环绕它运转。之后经过了3个月的准备，"菲莱"终于向彗星进发了。不幸的是，由于科学家粗心，忘记了在真空环境中进行测试，"菲莱"没能射出用来抓住彗星表面的渔叉。还好，"菲莱"接触彗星后弹起来又落了回去，最终还是成功降落在了彗星表面。

虽然没有失败，但"菲莱"降落到了一个阳光照射不到的位置，无法用太阳能电池发电。于是，"菲莱"在靠自带的电池完成了预定工作后陷入了沉睡，但如果以后有阳光照射到它，它还是有机会醒来的。而"罗塞塔号"在继续工作，随着67P彗星因不断接近太阳而变得越来越活跃，它还将给天文学家提供更多的信息。或许科学家依然无法确定地球生命是否来自彗星的播种，但对宇宙中生命起源的认识一定会更加深入。

怎样和外星人
建立联系

为什么要寻找外星人

寻找外星人还分派别？

Q1

"忧天派"寻找新地球

　　人类寻找外星生命有一种动机，就是解除对人类前途的担忧。核威胁和化学污染、全球变暖和沙漠化、大气臭氧层变薄、人口爆炸等日趋严峻的资源环境形势，使我们不得不认真地思考这样的问题：高度发展的技术社会的寿命有多长？除了地球，还有没有适合人类生存的家园？人类文明和技术的快速发展会不会自我毁灭？如果真是这样，那么外星生命生长的星球，或许是我们可以移居的地方。正如卡尔·萨根的名著《暗淡蓝点》的最后两章写的："在过了一段短暂的定居生活后，我们又恢复古代的游牧生活方式。我们遥远的后代们，安全地布列在太阳系或更远的许多世界上……他们将抬头凝视，在他们的天空中竭力寻找那个蓝色的光点……他们会感到惊奇，这个贮藏我们全部潜力的地方曾经是何等容易受伤害，我们的婴儿时代是多么危险……我们要跨越多少条河流，才能找到我们要走的道路？"

　　这一派，我们可以称为"忧天派"。我们寻找外星生命，实际上寻找的是第二个地球，亿万年以后的家园。

好奇生命的"天性派"

　　除"忧天派"外，还有一派我们称为"天性派"。古往今来，人类的好奇心和求知欲，是科学得以发展的重要动因之一，探索外星人也不例外。这是人类不断扩宽自己的视野，更深入地洞察自然的必然结果和重要组成部分。

寻找外星生命的目的是什么？

Q2

人类寻找外星生命还有一种动机：通过和外星人接触，学习他们的先进技术。能够访问地球的外星生物，所掌握的科学技术一定远远超过人类目前的科技水平。地球人因此就有可能免去数百年甚至更长的摸索过程，实现科学和技术的大飞跃。外星的科技是否发达到能够建造像《极乐空间》里的太空建筑？或者是充分利用恒星能源的"戴森球"？这一派，我们可以称之为"天真派"：外星人不仅善良，而且愿意把技术传授给地球人，并且无微不至地保护着地球人。在经过接触之后，外星人和地球人过上了幸福的生活。这和我们在《独立日》《火星人进攻地球》等电影里看到的、带有强大侵略性的外星人完全不同。哪个是真，哪个是假？我们无从得知。

无论是哪一派，不可否认的是，探索外星人有助于人类更深刻地认识自己在宇宙中的地位。从哲学上看，探讨这一问题的过程，是人类逐步否定自身居于宇宙中心地位的过程。坚持不懈地搜索地外文明将为人类提供一种历史连续感。这种连续感有助于人类赢得更美好的未来。

对生命的探索

地球上的生物虽然数以千万种，形态千差万别，但都是同一个"祖宗"的后代。在地球上生命出现的初期，很可能有不同类型的生命形式存在过，但是最后只有竞争力最强、最能适应当时地球环境的生命形式存活下来，其他类型的生命形式消失了，连痕迹也没有留下。人类只对地球上的生物进行研究，难以得出生命起源、生命基本原理以及智力形成机制的结论。只有找到与"地球型生物"不同类型的生物，我们对于生命现象才能有更全面、更深刻的理解。在分子生物学的水平上，如果外星人的生命形式与地球生命迥然不同，那么，就会使人类所知的生命模式从一增加到二或更多，人类对生命的普遍了解便会陡增，从而对人类自身的了解也大为深化。倘若外星人的基本模式与人类并无二致，这就可能意味着生命的基本模式只有唯一的一种，人们便可以深究生命为何必然如此。

同一个"祖宗"

地球上所有的细胞生物和一些病毒都使用脱氧核糖核酸（DNA）来储存遗传信息，并向下一代传递。所有的生物都使用同样的四种脱氧核苷酸来组成 DNA，并且通过碱基配对来形成 DNA 的双螺旋结构，进行遗传物质的复制。

外星人是敌是友？

Q3

回顾人类历史，殖民者一开始对新发现的土著民族并不友好，对其他动物更是毫无爱护之心。美洲作为新大陆，很多历史悠久的文明被科技更发达的欧洲殖民者毁灭了，许多新发现的动物物种被滥捕至灭绝。这样血腥的历史会在星际空间重演吗？没人知道。

是朋友

有一些对外星人抱有善良想法的人说，他们既然能穿越浩渺空间来到地球，就一定具有高度发达的科技；他们一定用了漫长的时间发展出这样的科技，在这个过程中并未毁灭地球的文明，这说明他们并不好战，甚至拥有很高的伦理道德，应该不会与人类为敌；何况，他们为何要不远万里来毁灭人类呢？害怕与外星人接触不过是以己度人。

是敌人

另一派观点是反对与外星人主动联系。这些人以已故的著名物理学家霍金为代表。如果外星人拜访我们，结果可能与哥伦布当年踏足美洲大陆类似，这对当时的印第安人来说不是什么好事。可怕的是当年的殖民者并不认为自己是在做坏事。也许有些外星种族已将本星球上的资源消耗殆尽，而生活在巨大的太空船上，成为星际游牧民族，企图征服所有他们路过的星球。还有一种可能是，如果外星文明比地球文明高出太多，他们很可能不在乎地球人的感受。你在清理后花园时会在乎一只蚂蚁的感受吗？也许外星人会像对待低等生物那样对待人类。

致外星人的电报没有回音

1974 年 11 月，波多黎各 SETI 研究所的研究人员向距离地球 25000 光年的梅西耶 13 号星团发送了一条电报。萨根和德雷克用二进制代码编写了这条电报，并通过调制将信息加载在无线电波上发送。

外星人可能和我们一样能理解简单的电波或微波通信，他们也可能对像 0、1 这样的简单数字略知一二。我们发送的二进制代码中的字节可以转为块状图片，比如，在坐标纸上的格子里横向纵向填上"0"和"1"，然后在写"1"的格子里涂上颜色，看看会形成什么图案。过程简单到让你吃惊，是不是？

不过，到目前为止，还没有任何回信。NASA（美国国家航空航天局）并不能确定我们一定会联络上什么外星生命，但是那些信息会一直存在，等待着被发现。

电报中的内容

萨根编写在电报里的信息包含：人类的 DNA 结构，生命组成成分氮、氢、碳、氧、磷的原子数，人类 1~10 的计数系统，表明外形和身高的人类图像，地球的人口数量，太阳系的图片和阿雷西博射电望远镜的图片。电报叙述着地球上的生命情况。

涂上颜色区别不同信息的阿雷西博电报内容

十个途径发现外星人「信号」

Q1 我们能和其他星球沟通吗？

Q2 如何寻找外星生物？

我们能和其他星球沟通吗？

Q1

天文学家保罗·戴维斯在他所著的《可怕的沉默》中写道："这些所谓的中心法则，几乎是没有根据的。"他指出，即便有和我们相似的外星生命，比方说他们生活在1000光年之外的星球上，他们就算拿起了望远镜，找到了地球，他们看到的也是地球1000年以前的情景。他们何苦还会给一个没有电波接收系统，甚至连电都没被发明出来的星球传输电波呢？

如果说监听电波对我们而言有些太遥远了，那么，可以用哪些方法去寻找外星生物呢？这里

如何寻找外星生物？

Q2

1. 搜索外星生命光线。在过去近 30 年间，俄罗斯和美国的科学家曾经阶段性地试图在太空搜寻那些特殊的光线，这些光线不同于自然界的普通光线（例如星星发出来的光线），而是那些可能由智慧生物制造出来的光线。

2. 寻找巨大的外星建筑。当人们想到这一主意时，最佳例子无疑是"戴森球"，即一种环绕恒星建造的假想建筑物，用于收集星体的所有能量。

3. 寻找小行星矿藏的证据。人们正在寻找太阳系行星的矿产，评估这些矿产的开采价值。难道外星生命就不会这么做吗？证据可包括行星化学成分的变化、矿物残渣的分布，还有其他在地球上就能探知的行星的热量变化。

4. 检查星际大气中的污染物。如果一个行星的大气里面有非正常的化学物质，例如含氯氟烃，那就表明在该星球有智慧生物存在过。

5. 寻找恒星工程的迹象。目前，这仅是科学幻想的内容，但一个有能力摆弄恒星的外星文明肯定会对我们地球人感兴趣。

6. 在地球上寻找外星痕迹。地球已经存在了几十亿年了，谁敢说外星生命从未到访过？如果他们很久之前就来过这里，那么也许他们会在极其隐蔽的地方，比如海底，留下痕迹。

7. 寻找中微子序列。戴维斯在他的书中指出，中微子这种如同幽灵般存在的亚原子粒子，有可能是被用来传递信息的，因为和超声波或光波相比，中微子更适合用来长途传递信息。信息本身可能是非常简单的，并且用一种外星莫尔斯码加密过，但是在地球上是可以被我们探测到的。

8. 搜寻 DNA 中的信息。DNA 是保存信息的另一种方式。外星人，或者是外星探测仪，也许在很久以前到访过地球，并且在某些古生物身上留下了信息。当然，这一推测缺陷甚多。就像戴维斯指出的那样，把信息植入人或者动物身上，而且要保证信息在生物进化过程中发生基因突变时完全不被影响，这几乎是不可能的，但也不能完全否认这种有趣的可能性。

9. 发现特征明显的外星飞行器。嘿，如果这点对瓦肯星人（科幻影视剧《星际迷航》中的一种外星人）来说是正确的话，为什么对我们来说不是呢？

10. 邀请外星人上网。科学家建立了一个网站，他们要求外星人给他们回复邮件。虽然到目前为止，所有的回复都被认为是恶作剧，但是尝试一下也没什么坏处。

怎样联系外星人

- Q1 『先驱者』是如何携带信息的？
- Q2 要发什么样的信息？
- Q3 金色唱片里有什么？
- Q4 外星人如何与我们联系？

"先驱者"是如何携带信息的？

Q1

"先驱者"的镀金铝板

"先驱者 10 号"和"先驱者 11 号"上都装着这样的铝板。这还是科学记者埃里克·伯吉斯出的主意。1971 年，伯吉斯同众多科学家和记者在美国国家航空航天局喷气推进实验室观看"水手 9 号"飞船在火星着陆的画面。而在 1972 年发射的"先驱者 10 号"已对木星实现近距离拍照，1973 年发射的"先驱者 11 号"则观测木星南北极和土星，它们最终会飞离太阳系。

此前，伯吉斯认为，如果在探测器上安装永久性的铝板，那么探测任务将收获一笔长存的遗产。他把这个设想告诉 SETI 的创始人卡尔·萨根，萨根博士对此非常感兴趣。

我们送出的信息

一块长 22.9 厘米、宽 15.2 厘米的镀金铝板上，刻着一名男性和一名女性的裸体人像、太阳系中的太阳和地球等行星、一张氢原子图、"先驱者号"、以银河系已知的 14 颗脉冲星标志太阳系的位置。最终，由 SETI 两位创始人卡尔·萨根和弗兰克·德雷克设计、萨根的妻子琳达·萨根绘制的图稿完成了。科学家希望它们能在宇宙空间中永久存在，这些信息将会告诉可能的发现者"先驱者"来自何方。

直到今天，携带着信息的"先驱者"航天器仍在继续飞行。

安装着铝板的"先驱者号"

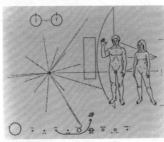

铝板上的信息

要发什么样的信息？

尽管文明差距可能使沟通存在一些障碍，但一些初步的沟通可能会留下线索。比如外星人可能会根据我们传递过去的数据，对我们的技术发展水平做出判断。假如他们觉得我们像一年级的小学生，那么就可能发送给我们一些简单的图片、线条和数字。

那么，什么数据既重要又容易理解？如果由你来发信息，你会选择什么样的内容？在白纸上用图画、图片和数字来传达信息吗？或者把你和家人的合影，甚至宠物的照片放上去？你和家人的照片能够显示我们的身体特征：一个头、两只手、两条腿和一个躯干。挺着大肚子的孕妇照会向外星人展示人类的宝宝是如何孕育的。太阳系的照片会显示行星的数量以及行星与太阳之间的轨道距离。

位置信息

太阳系只是银河系的一个小单位，你该如何介绍太阳系在银河系中所处的位置呢？科学家在设计太空信息时，不管是在镀金铝板还是在金唱片上，都标注着以太阳系为中心的 14 颗脉冲星的发散图形。如果外星人能识别出其中的三颗，利用三角测量法就可以大致算出我们的位置。

数学体系

我们的数学体系如何解释？试试用 1~10 这些数字列一个简单的数学公式，用它来表示我们的十进制规则。

氢原子构造

为了显示我们的化学水平，氢原子的构造也是必不可少的。因为氢原子是宇宙中含量最丰富的元素，这意味着外星人也极有可能接触过它，一个氢原子的结构草图可以表明我们对基础化学的理解。

无线电活动中的线索

"旅行者号"无疑是走得最远的行者，它们正在我们太阳系泡的外层边缘，将前往星际空间中探索。

如果你想在黑暗中引起远处的人的注意，不断闪烁手电筒可能是一个选择。任何一个与我们类似的外星文明，都有可能发送这样的信号，试图与我们进行交流。

科学界认为需要仔细探测可见光和红外线波段的激光脉冲信号，也就是使用望远镜寻找闪烁的光点和热点。

有一些科学家试图从无线电活动中找到线索，他们认为这里面可能隐藏着智慧生物的活动信号，这是 SETI 项目的一部分。不过，我们又怎么从无线电语言中分辨出哪些是智慧生物发送的呢？

刻图录音发出和平的问候

浮在太空中的人类的探测器也肩负着自己的小任务。我们在一些金属板上刻上图画，在唱片上录入声音，然后让这些载有我们文明信息的"使者"搭乘探测器一起进入太空。外星智慧生命偶遇我们的探测器时就可能会获得这些信息。美国国家航空航天局认为，因为存在这种可能性，我们需要这种尝试来传达地球人和平的问候。

"旅行者号"

"旅行者 1 号"和"旅行者 2 号"航天器的任务是抵达木星、土星和海王星。在"先驱者 10 号"和"先驱者 11 号"的镀金铝板设计取得成功之后，美国国家航空航天局决定让"旅行者"携带更加详细的信息完成飞行任务。

两个"旅行者号"于 1977 年发射升空，并在 1990 年越过冥王星，前往外太空去进行探索了。如今，"旅行者 1 号"在某种意义上可以说已经冲出太阳系，进入了星际空间。

金色唱片里有什么？

Q3

金唱片

在"旅行者号"携带信息的选择上，萨根寻求德雷克和专门小组的帮助。他们希望这次携带的信息包括地球简史，能够详述我们的文化、历史以及地球上的生命。为此，他们制作了 12 英寸的镀金唱片，唱片上刻有凹槽，可以像留声机唱片一样播放。

唱片里存有数学公式和化学公式，用以说明我们的基本算术系统以及地球的生物和化学组成。此外，还存放着 115 张图片和大量的声音，如海浪、雷、风等自然界的声音，鲸、昆虫、鸟类等动物的叫声，还有人类 55 种不同语言的问候语。唱片里还收纳了各种类型的音乐，包括摇滚乐和古典乐。哈哈，你能想象外星人会对我们的摇滚乐有何反应吗？

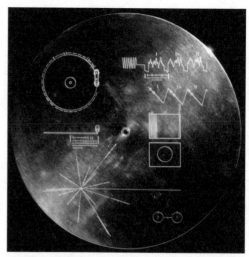

"旅行者 1 号"和"旅行者 2 号"携带的镀金唱片

触发唱片发声的条件

卡尔·萨根曾说："只有宇宙中存在已步入太空时代的先进文明，'旅行者 1 号'才会被发现，唱片才会被播放出来。"

外星人如何与我们联系？

Q4

一样的方式

也许，外星人会像我们一样，发送一个铝板或唱片，或者也用数学模式编写信息，然后通过脉冲激光束发送。为了避免和自然天文现象混淆，他们会重复发送这些信息。想象当外星人的飞船靠近我们的太阳系时，他们用无线电波或激光光束发送一条信息，信息传播的距离最短，耗时也会最少，我们也更有可能捕获并回复。

探测中微子

另一种可能的交流方式是探测射向地球的中微子。我们的太阳每秒都在释放大量穿过各种物体的中微子，外星人可以用智能脉冲发送中微子来跨过巨大的空间距离进行交流。

2012 年，卡内基梅隆大学的丹尼尔·斯坦希尔教授在费米实验室用巨型密涅瓦探测器做了一个实验。他和其他研究人员用二进制代码（用 0 和 1 两个数字表示的数）编码了"中微子"这个词，并以 0.1 比特每秒的比特率将其在岩石中传递了 240 米。接收端的信号的误码率仅有 1%，如果这条信息重复发送，很容易在第二次时就会被破解。不过，这条代码的花费不菲，而且数据传输率低、通信距离短，在短期内还不是一种可行的通信手段。

转译信息

　　总之，不管外星人会用什么模式发送信息，工程师、程序员、译码员、天文学家以及科学家都要合力对信息进行转译。根据信息的复杂程度，转译解码过程可能要持续数周、数月甚至数年。虽然我们还未收到任何确定的信号，但 SETI 已经与 Astropulse 项目展开了合作，后者能将全世界志愿者的个人电脑组织起来，提高运算能力。

　　或许有一天，你会成为该团队的一名成员，用你的个人电脑来监测宇宙中的脉冲信号。或许在某一刻，你会成为发现银河系中外星生命的成员之一！这谁说得准呢？

中微子

中微子由高能碰撞产生，并且可以不带电荷，不受质量、尘埃和气体的影响直接穿过行星。

你也可以加入寻找外星人项目

Q1 SETI 是什么？

Q2 SETI 怎样寻找外星人？

Q3 都有哪些需要公众的项目？

SETI 是什么?

Q 1

SETI

　　"SETI"是一个缩写,它的中文全称是"搜寻地外文明",通俗地说,就是寻找外星人。虽然听起来很科幻,但这其实是个相当严肃的科学研究项目,在射电望远镜的帮助下,SETI 科学家搜寻可能由技术更先进的外星人发出的信号。这是个相当繁重的工作,仅搜索银河系就涉及几千亿颗恒星。科学家已收集到了大量的数据,但是没有足够的精力来分析他们接收到的电波中是否真的有来自智慧生命的信号。因此,他们推出了各项计划,希望得到公众的帮助。现在,人们打开家里的计算机就能帮上 SETI 项目的忙了。

获得帮助

　　天文学家大概是从业余爱好者那里获得帮助最多的科学家了。这其中的原因是多方面的,宇宙浩瀚无边,而科学家人手有限,寻求大众的帮助是有必要的。而且,天文学是一门普通人也很感兴趣的学科,谁不曾仰望夜空,好奇地猜想宇宙里有什么呢?在互联网时代,普通人甚至不需要自己拥有一台望远镜就可以帮助专业天文学家了。

SETI 怎样寻找外星人？

Q2

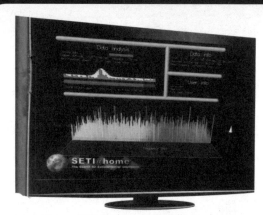

SETI@home 屏幕保护程序的截图

setiQuest Explorer 应用程序的截图

利用你的电脑和大脑 ✕

　　帮助 SETI，做法其实更简单。目前，已有数百万地球人与 SETI 科学家合作，帮助寻找地外智能生命。他们把 SETI@home 屏幕保护程序安装到个人电脑上。这个屏幕保护程序利用的是个人电脑多余的处理器资源，能自动分析 SETI 射电望远镜的数据，然后将结果汇报给 SETI 总部。个人电脑用户能够在彩色图形（上图）上跟踪电脑的处理进程。

　　SETI@home 只是把我们的计算机借给科学家用，没有让我们自身参与进去。那些喜欢"动手"的人可能更喜欢 setiQuest Explorer。这款应用程序可运行于网络浏览器或某些智能手机（具体来说就是安卓智能手机）上，显示图像看起来就像收不到信号的带有"雪花"的电视屏幕（上图）。

观察像素

　　人们会观察这些像素是否形成了某种图案，如果他们看到有图案形成，他们就会点击显示器下方最接近该图案的按钮。setiQuest Explorer 应用程序与 SETI@home 屏幕保护程序相互补充：SETI@home 利用个人电脑来监测直线或点状的图案，而 setiQuest Explorer 则利用人脑来寻找更复杂或更多变的图案。配合使用它们的目的就是"穷尽一切可能，不漏掉一个外星人信号"。

寻找外星人的家园

　　除了帮助分析外星人发来的信号，我们也有机会帮助天文学家寻找外星人的家园——太阳系外行星。现在天文学家寻找行星的最有力武器是开普勒空间望远镜，它通过观测恒星亮度变化，寻找那些可能会遮住部分星光的行星。开普勒观测的每颗恒星都可以画出一条亮度随着时间变化的光变曲线，如果有会遮住星光的行星，光变曲线就会周期性地下降。分析这些曲线正是寻找地外行星的关键一步。

来自遥远星球的无线电波数据

　　电视屏幕上的"雪花"实际上是遥远星球发来的无线电波数据。每个颗粒状的像素代表了在特定时间、特定频率下探测到的信号，像素的亮度表明信号的强度。

　　※ SETI@home 项目目前处于休眠期

都有哪些需要公众的项目？

Q3

光变曲线的处理

运行开普勒的科学家们编制了计算机程序来处理光变曲线。不过，要做这种工作的话，电脑未必强过人脑。用电脑来识别图形是人工智能的一个重大问题，我们人脑很容易就能辨认图形的相同或相异之处，但是对于电脑来说，这未必是件容易的工作。当然，恒星的光变曲线作为图形来说非常简单，计算机也基本可以胜任识别凌星的任务。但用人脑来识别的话，可能会更加准确。

"行星猎手" 网站

开普勒空间望远镜要记录 150 万颗恒星的亮度变化，数据可谓海量。

不过，如果集合全世界网民的力量，人肉数据分析就成了一种可能。科学家推出了"行星猎手"网站（http://www.planethunters.org/），在这里，人们可以浏览恒星的光变曲线，找出那些亮度出现周期性减弱的曲线，并且勾选出亮度变化的区域。参与的人越多，分析的数据就越多，也就越有可能发现太阳系外行星，甚至发现计算机分析的漏网之鱼。

在这里有必要指出，普通人也能为其他学科提供帮助，SETI@home 屏幕保护程序只是志愿者参与科学研究的一个例子。

BOINC 软件

单是 BOINC 软件就能应用到多种不同的领域，如数学、医学、分子生物学、气候学和天体物理学等。还有很多项目值得人们贡献个人电脑闲置的 CPU，这些项目名单可在 boinc.berkeley.edu/projects.php 上找到。

"折叠" 游戏

喜欢 setiQuest Explorer 这类需要自己动脑动手的项目的人们也有帮助其他学科科学家的机会。例如，有个可以帮助生物化学家分析蛋白质的结构的网页游戏"折叠"（http://fold.it/），人们只要遵循规则折叠屏幕上的蛋白质分子，寻找最合理的折叠方式就可以了。

公众项目激起了人们对重要科学问题的兴趣，加深了人们对重要科学问题的理解，职业科学家越来越频繁地邀请公众帮忙做一些基础研究。需要人们帮助的项目名单可在网站 https://www.zooniverse.org 找到。如果全球业余科学家都联合起来，贡献他们的电脑和大脑，那就不知道会解决掉多少问题！

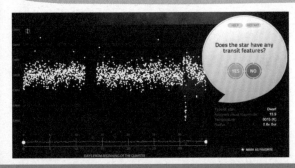

"行星猎手"网站的截图，你能在这个光变曲线上看出恒星的光曾被遮住过吗

SETI 研究所用来搜索外星智慧生命的艾伦天线阵（图片来源：Colby Gutierrez-Kraybill）

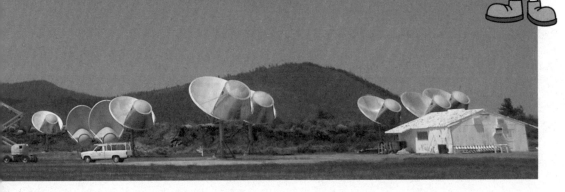

编辑策划成员

祝伟中（美），小多总策划，跨学科学者，国际资深媒体人

阮健，小多执行主编，英国教育学硕士，科技媒体人，资深童书策划编辑

吕亚洲，"少年时"专题编辑，高分子材料科学学士

周帅，"少年时"专题编辑，生物医学工程博士，瑞士苏黎世大学空间生物技术研究室学者

张卉，"少年时"专题编辑，德国经济工程硕士，清华大学工、文双学士

秦捷（比），小多全球组稿编辑，比利时鲁汶天主教大学 MBA，跨文化学者

李萌，"少年时"美术编辑，绘画专业学士

方玉（德），德国不伦瑞克市"小老虎中文学校"创始人，获奖小说作者

主要创作团队成员

拜伦·巴顿，美国生物学博士，大学教授，科普作者

凯西安·科娃斯基，资深作者和记者，哈佛大学法学博士

陈喆，清华大学生物学硕士

克里斯·福雷斯特，美国中学教师，资深科普作者

丹·里施，美国知名童书和儿童杂志作者，资深科普作家

段煦，博物学者和科普作家，南极和北极综合科学考察探险家

让-皮埃尔·佩蒂特，物理学博士，法国国家科学研究中心高级研究员

基尔·达高斯迪尼，物理学博士，欧洲核子研究组织粒子物理和高能物理前研究员

谷之，医学博士，美国知名基因实验室领头人

韩晶晶，北京大学天体物理学硕士

哈里·莱文，美国肯塔基大学教授，分子及细胞研究专家，知名少儿科普杂志撰稿人

海上云，工学博士，计算机网络研究者，美国 10 多项专利发明家，资深科普作者

杰奎琳·希瓦尔德，美国获奖童书作者，教育传媒专家

季思聪，美国教育学硕士和图书馆学硕士，著名翻译家

贾晶，曾任花旗银行金融计量分析师，"少年时"经济专栏作者

凯特·弗格森，美国健康杂志主编，知名儿童科学杂志撰稿人

肯·福特·鲍威尔，孟加拉国国际学校老师，英国童书及杂志作者

奥克塔维雅·凯德，新西兰知名科普作者

彭发蒙，美国无线电专业博士

雷切尔·莎瓦雅，新西兰获奖童书作者、诗人

徐宁，旅美经济学硕士，科普读物作者